中国石油天然气集团公司统编培训教材

天然气与管道业务分册

管道完整性数据管理技术

《管道完整性数据管理技术》编委会　编

石 油 工 业 出 版 社

内 容 提 要

本书内容涵盖了管道完整性数据管理的基本理论，并从数据采集、数据库建设与维护、数据安全、管道完整性数据分析及其应用等多方面进行了阐述。

本书可作为中国石油天然气集团公司所属各管道分公司关于管道完整性数据管理培训的专用教材，也可作为油气管道行业的工程技术人员和技术管理人员的工作参考手册，并可供相关专业院校师生学习参考。

图书在版编目（CIP）数据

管道完整性数据管理技术/《管道完整性数据管理技术》编委会编．
北京：石油工业出版社，2011.8
中国石油天然气集团公司统编培训教材
ISBN 978‐7‐5021‐8095‐9

Ⅰ. 管…

Ⅱ. 中…

Ⅲ. 天然气输送‐管道工程‐完整性‐数据管理‐技术培训‐教材

Ⅳ. TE973

中国版本图书馆 CIP 数据核字（2010）第 210942 号

出版发行：石油工业出版社
　　　　　（北京安定门外安华里 2 区 1 号　　100011）
　　　　　网　　址：www.petropub.com
　　　　　编辑部：(010)64523580　图书营销中心：(010)64523633
经　　销：全国新华书店
印　　刷：北京中石油彩色印刷有限责任公司

2011 年 8 月第 1 版　2017 年 6 月第 3 次印刷
710 ×1000 毫米　开本：1/16　印张：12
字数：200 千字

定价：42.00 元
（如出现印装质量问题，我社图书营销中心负责调换）

序

　　企业发展靠人才，人才发展靠培训。当前，集团公司正处在加快转变增长方式，调整产业结构，全面建设综合性国际能源公司的关键时期。做好"发展"、"转变"、"和谐"三件大事，更深更广参与全球竞争，实现全面协调可持续，特别是海外油气作业产量"半壁江山"的目标，人才是根本。培训工作作为影响集团公司人才发展水平和实力的重要因素，肩负着艰巨而繁重的战略任务和历史使命，面临着前所未有的发展机遇。健全和完善员工培训教材体系，是加强培训基础建设，推进培训战略性和国际化转型升级的重要举措，是提升公司人力资源开发整体能力的一项重要基础工作。

　　集团公司始终高度重视培训教材开发等人力资源开发基础建设工作，明确提出要"由专家制定大纲、按大纲选编教材、按教材开展培训"的目标和要求。2009 年以来，由人事部牵头，各部门和专业分公司参与，在分析优化公司现有部分专业培训教材、职业资格培训教材和培训课件的基础上，经反复研究论证，形成了比较系统、科学的教材编审目录、方案和编写计划，全面启动了《中国石油天然气集团公司统编培训教材》（以下简称"统编培训教材"）的开发和编审工作。"统编培训教材"以国内外知名专家学者、集团公司两级专家、现场管理技术骨干等力量为主体，充分发挥地区公司、研究院所、培训机构的作用，瞄准世界前沿及集团公司技术发展的最新进展，突出现场应用和实际操作，精心组织编写，由集团公司"统编培训教材"编审委员会审定，集团公司统一出版和发行。

　　根据集团公司员工队伍专业构成及业务布局，"统编培训教材"按"综合管理类、专业技术类、操作技能类、国际业务类"四类组织编写。综合管理类侧重中高级综合管理岗位员工的培训，具有石油石化管理特色的教材，以自编方式为主，行业适用或社会通用教材，可从社会选购，作为指定培训教材；专业技术类侧重中高级专业技术岗位员工的培训，是教材编审的主体，按照《专业培训教材开发目录及编审规划》逐套编审，循序推进，计划编审300余门；操作技能类以国家制定的操作工种技能鉴定培训教材为基础，侧重主体专业（主要工种）骨干岗位的培训；国际业务类侧重海外项目中外员工的培训。

"统编培训教材"具有以下特点：

一是前瞻性。教材充分吸收各业务领域当前及今后一个时期世界前沿理论、先进技术和领先标准，以及集团公司技术发展的最新进展，并将其转化为员工培训的知识和技能要求，具有较强的前瞻性。

二是系统性。教材由"统编培训教材"编审委员会统一编制开发规划，统一确定专业目录，统一组织编写与审定，避免内容交叉重叠，具有较强的系统性、规范性和科学性。

三是实用性。教材内容侧重现场应用和实际操作，既有应用理论，又有实际案例和操作规程要求，具有较高的实用价值。

四是权威性。由集团公司总部组织各个领域的技术和管理权威，集中编写教材，体现了教材的权威性。

五是专业性。不仅教材的组织按照业务领域，根据专业目录进行开发，且教材的内容更加注重专业特色，强调各业务领域自身发展的特色技术、特色经验和做法，也是对公司各业务领域知识和经验的一次集中梳理，符合知识管理的要求和方向。

经过多方共同努力，集团公司首批 39 门"统编培训教材"已按计划编审出版，与各企事业单位和广大员工见面了，将成为首批集团公司统一组织开发和编审的中高级管理、技术、技能骨干人员培训的基本教材。首批"统编培训教材"的出版发行，对于完善建立起与综合性国际能源公司形象和任务相适应的系列培训教材，推进集团公司培训的标准化、国际化建设，具有划时代意义。希望各企事业单位和广大石油员工用好、用活本套教材，为持续推进人才培训工程，激发员工创新活力和创造智慧，加快建设综合性国际能源公司发挥更大作用。

《中国石油天然气集团公司统编培训教材》
编审委员会
2011 年 4 月 18 日

前　言

进入 21 世纪以来，管道完整性管理方法在油气管道行业迅速得到应用，成为国内外主要油气管道公司普遍采用的方法。管道完整性管理是指管道管理者不断对管道运营中面临的各类风险因素进行识别和评价，并不断采取针对性的措施将风险控制在可接受范围之内，达到预防和减少管道事故的发生，保障油气管道安全、可靠、经济运行的目的。

应用管道完整性管理办法，需要采集和分析大量的管道、设备属性和状态信息。数据管理是管道完整性管理的基础技术，包括管道数据模型、管道数据采集、维护、管理、分析等专项技术。通过把管道的设计、建设、运行、检测、修复等各类信息等采用统一的数据模型进行组织和存储，实现对管道全生命周期完整性数据的有序管理，进而利用专业化分析软件及业务管理系统实现管道的完整性管理。

本书第一章介绍完整性管理的概论，阐述完整性管理和数据管理间的关系。第二章详细介绍管道建设、运营各阶段数据采集的内容、方法。第三章阐述如何基于数据模型、数据字典建立管道完整性数据库，管道完整性数据存储和维护技术。第四章介绍管道完整性数据管理及系统安全的基本要求与实现手段。第五章介绍高后果区分析风险评估、完整性评价等数据分析技术以及基于 CIS 的分析方法。第六章介绍管道完整性技术中石油管道管理中的应用实例。

本书第一章由周利剑、冯庆善、常景龙编写，第二章由冯庆善、周利剑、常景龙、李祎、贾韶辉、余海冲编写，第三章由李祎、余海冲、魏政、杨宝龙、欧新伟、刘成海编写，第四章由李祎、郭磊、李振宇、曹鑫编写，第五章由贾韶辉、郑洪龙、张华兵、燕冰川编写，第六章由王学力、贾韶辉、韩小明、郭磊、刘亮、冯文兴编写。全书由贾韶辉校对，周利剑、贾韶辉编稿。此外，本教程编写过程中参考了许多相关领域专家、学者和工程技术人员的著作和研究成果，在此表示诚挚的感谢！

　　本书可作为油气管道行业的工程技术人员和技术管理人员的工作参考手册，也可以作为相关专业大学生的学习参考书。

　　由于时间较为仓促，编者水平人限，教程中难免出现错误和疏漏之处，敬请读者批评指正。

编者

2010 年 12 月

说　明

随着管道完整性管理的推广，各管道分公司的管道从业人员，从管道管理者到基层站队员工，都需要进行不同内容的管道完整性数据管理技术专业培训。本书内容覆盖了管道完整性数据管理的基本理论，并从数据采集、数据库建设与维护、数据安全、管道完整性数据分析及其应用等多个方面进行了阐述，可作为中国石油天然气集团公司所属各管道分公司的管道完整性数据管理培训的专用教材。根据在管道完整性管理过程中的岗位不同，对培训对象的划分及其应掌握和了解的内容在本教材中章节分布，做如下说明，仅供参考。

培训对象划分如下：

1. 生产管理人员，包括：管道分公司管道处、管道科、管道管理岗。

2. 专业技术人员，包括：管道分公司管道科、基层站队、管道班、巡线工。

3. 数据录入人员，包括：数据录入、维护人员、数据库管理员。

4. 相关技术人员，包括：除各管道分公司管道处、管道科的管道完整性管理从业者。

针对管道完整性管理过程中不同岗位的教学内容分布，可参照如下要求：

1. 生产管理人员，要求掌握第一章、第二章内容，了解第三章、第四章、第五章和第六章内容。

2. 专业技术人员，要求掌握第一章、第二章、第四章、第五章内容，了解第三章、第六章内容。

3. 数据录入人员需要掌握本书所涉及的所有内容。

4. 相关技术人员，要求掌握第一章、第二章、第五章和第六章内容，了解第三章、第四章内容。

目　录

第一章　绪　　论

社会经济快速发展的强烈需求极大地促进了我国油气工业的发展，油气输运管道建设也逐步发展和完善。目前我国拥有的油气管道实际总里程已超过6万公里，到2010年，我国拥有油气管道总里程将超过10万公里。但随着部分油气管道进入"老龄期"和管道里程的大幅增长，各种事故也呈上升趋势。近年来，我国发生的几次油气管道事故，使管道管理和决策者清晰地认识到我国目前管道安全管理模式中存在的问题和不足，及与国外先进管理模式的差距。管理人员就我国必须在管道管理中采用新的管理模式以减少事故的发生，保证管道安全已达成共识。

管道完整性管理作为一种新的管理模式，经过不断的积累、研究和探索，从最初的缺陷管理、风险管理到基于风险的完整性管理逐渐形成了一套系统的以预防为主的管道完整性管理体系，美国管道完整性管理法规的签署和部分标准的颁布标志着该管理体系已基本完善。作为一种新的管理理念和管理模式，管道完整性管理力求实现"预防为主，防患于未然，将经济投入到最需要的关键点"的目标。本章将从完整性管理的基础理论、完整性数据管理与完整性管理的关系两个方面介绍其基本理论和发展背景。

第一节　管道完整性管理的定义

管道完整性PI（Pipeline Integrity）是指：
1）管道始终处于安全可靠的服役状态；
2）管道在物理上和功能上是完整的，管道处于受控状态；
3）管道运营商已经采取，并将持续不断地采取措施防止管道事故的发生。

管道完整性管理PIM（Pipeline Integrity Management）是指管道公司根据不断变化的管道完整性因素，对管道运营中面临的风险因素进行识别和技术评价，制定相应的风险控制对策，不断改善识别到的不利影响因素，从而将管道运营的风险水平控制在合理的、可接受的范围内，建立以通过监测、检测、检验等各种方式，获取与专业管理相结合的管道完整性的信息，对可能使管道失效的主要威胁因素进行检测、检验，据此对管道的适用性进行评估，最终达到持续改进、减少和预防管道事故发生、经济合理地保证管道安全运行的目的。

管道完整性管理与管道的设计、施工、运营、维护、检修的各过程密切相关。在役管道的完整性管理要求管道公司要不断识别运营中面临的风险因素，制定相应的控制对策，对可能使管道失效的危险因素进行检测，对其适应性进行评估，不断改善识别到的不利因素，将运营的风险水平控制在合理的可接受的范围。管道完整性管理是一个连续的、循环进行的管道监控管理过程，需要在一定的时间间隔后，再次进行管道检测、风险评价并采取措施减轻风险，以达到持续降低风险和预防事故发生的目的，保证管道生产过程经济、合理、安全地运行。对在役管道逐步实施完整性管理是提高管理水平、确保安全运行的重要措施，是一项防患于未然的科学方法。

管道完整性管理（PIM）也是对所有影响管道完整性的因素进行综合的、一体化的管理，包括：

1）拟定工作计划、工作流程和工作程序文件；

2）进行风险分析和安全评价，了解事故发生的可能性和将导致的后果，制定预防和应急措施；

3）定期进行管道完整性检测与评价，了解管道可能发生的事故的原因及部位；

4）采取修复或减轻失效威胁的措施；

5）培训人员，不断提高人员素质。

完整性管理是一个持续改进的过程，完整性管理是以管道安全为目标的系统管理体系，内容涉及管道设计、施工、运行、监控、维修、更换、质量控制和通信系统等全过程，并贯穿管道整个运行期，其基本思路是调动全部因素来提高管道安全性，并通过信息反馈，不断完善。

第二节　管道完整性数据管理与管道完整性管理流程的关系

管道完整性管理体系体现了安全管理的组织完整性、数据完整性和管理过程完整性及灵活性的特点。首先需要从数据采集、整合、数据库设计、数据的管理、升级等环节，保证数据完整、准确，为风险评价、完整性评价结果的准确、可靠提供重要基础。特别是对在役管道的检测，可以给管道完整性评价提供最直接的依据。

中国石油天然气集团公司经过多年的探索和研究，结合中国石油管道的管理现状，制定了符合中国实际的管道完整性管理流程。管道完整性管理的六步循环是管道完整性管理的核心技术内容和关键组成部分。从数据角度看，这六步循环完全是以管道完整性数据库为核心，对数据的采集、存储、分析、发布的过程。数据的完整性是管道完整性管理的基础，数据的准确性制约着完整性后续流程的分析与评价结果。完整性管理的各个流程循环都是以数据为依据，数据推动着完整性工作流的不断开展，保证完整性管理顺利实施。首先，要针对完整性管理中高后果区分析、风险评价、完整性评价的数据需求制定出相应的数据采集计划，满足后续的分析与评估需要。在不同环节中对数据的需求各不相同，比如完整性评价侧重于内外检测的数据，而高后果区分析侧重于环境数据的采集，风险评价中除了考虑环境数据还要结合管道本体数据作分析，这样才能因危害类型不同确定出反映管道状态和可能存在危害影响的信息，以便了解管道的状况并识别对管道完整性构成威胁的管段。其次，在数据存储这个环节是基于 PIDM（Pipeline Integrity Data Model）管道数据模型建立数据库，通过数据库组织、存储多时相、多比例尺、多数据类型的管道数据，并维护管道数据之间的关联关系。管道完整性数据库包括管道设计施工数据、管道运行维护数据、检测及监测数据、修复数据，以及大量的遥感影像、专题地图、环境和地理信息、生产运行历史及事件和风险数据等，合理地组织存储这些数据并维护数据更新，是这个环节的重点。数据分析是在前期大量数据采集基础上合理运用高后果区分析、风险评价、完整性评价的技术对数据做出分析。最后，通过互联网将相关的评价结果、完整性修复计划等信息发布，以实现数据和信息的共享，达到驱动管道完整性工作循环进行的目的（图1-1）。

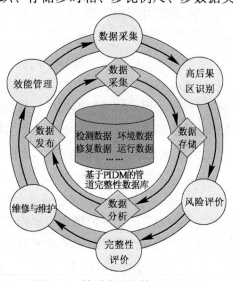

图1-1　管道完整性管理流程图

第二章　管道完整性数据采集

数据采集是实施管道完整性管理循环的第一个步骤，也是最为关键的一个步骤，其所采集数据的完整性制约着管道完整性管理过程中后续的高后果区分析、完整性分析、评价等工作结果的准确性。目前我国油气管道行业的数据均存在着管道历史数据不完整、不精确的问题，数据很难得到共享和有效分析利用，造成数据使用效率低，无法达到管道完整性管理精度的需求，所以对于管道行业有必要进行全面的管道数据采集、整理，以满足管道完整性管理的需要。

第一节　数据采集介绍

一、数据采集内容

管道完整性管理是一种基于风险的、主动预防的管理方式。这就要求在数据采集时必须对数据进行全面的收集、整理，以保证高后果区分析、风险评价、完整性评价结果的准确性，从而制定出正确的管道维修计划。从完整性管理角度来看，数据采集包含以下内容。

1. 管道中心线及管道设施数据采集

管道中心线及管道设施数据是指包括管道中心线在内的从设计、施工到运行的干线、支线上所有管道设施数据，如钢管信息、防腐层、弯头、阀。管道中心线及管道设施的地理位置需要专业的测绘部门来进行测量，而其他管道设施相关属性数据需要从各种相关施工资料、竣工资料中整理和提取。

2. 管道检测数据采集

管道检测数据是指包括金属损失、裂纹、管体变形、焊缝缺陷、防腐层缺陷等在内的各种管道的缺陷数据。这部分数据是完整性评价的重要参考数据，主要来自于管道的内、外检测报告。这些报告按照管道完整性管理的要求通过资料数字化的方式导入数据库中存储。

3. 管道失效数据采集

管道失效数据是指由于自然原因和人为原因造成的各种事故数据，包括地质灾害、第三方破坏、误操作引发的各种事故。这部分数据主要来自于各种管道抢险、大修记录，这些修复记录按照管道完整性管理的要求通过资料数字化的方式导入数据库。

4. 管道运行数据采集

管道运行数据是指管道在运行期间产生的各种数据，包括温度、压力、保护电位、自然电位等。

5. 管道沿线环境数据采集

管道沿线环境数据是指管道周边包括断层、地震带、建筑物、公路、铁路、河流、山川、水工、建筑物等在内的环境数据。这部分数据是高后果区分析和风险评价的重要参考数据，地理位置信息通过高精度遥感影像数据矢量化提取，属性数据需要专业测量组织和管道运营公司共同完成。

6. 站场数据采集

站场数据采集内容不同于管道干线数据采集，站场完整性是指站场区域和设备在物理上是没有缺陷的，通过物理上的完整来实现功能的完整。但现实情况是站场中设备众多，特性各异，完全套用管道本体的完整性管理体系是不现实的。但这并不能说明站场的完整性是无章可循的。目前关于站场完整性的研究主要分两个方面：站场区域完整性管理（QRA）和站场设备完整性管理（AIM）。主要采用的方法有：基于风险的检验（RBI）；以可靠性为中心的维护（RCM）；安全完整性等级（SIL）。

7. 基础专题数据采集

基础专题数据采集主要包括各种大小比例尺的专题数据，如表2-1所示。

表2-1 基础专题数据

序 号	数据内容	范 围
1	$1 : 400 \times 10^4$ 基础数据	全国范围
2	$1 : 25 \times 10^4$ 基础数据	全国范围
3	$1 : 5 \times 10^4$ 基础数据	覆盖管道两侧 $15 \sim 25 km$
4	$1 : 0.5 \times 10^4$ 基础数据	覆盖管道两侧 $2.5 km$

8. 遥感影像数据采集

遥感影像数据是指管道两侧各 2.5km 范围内高精度光栅格式的遥感影像，这部分数据是提取管道周边基础地形、地貌、主要公共设施、建筑物、公路、铁路、河流等数据空间位置信息的重要数据来源。遥感影像数据主要包括卫星影像和航空影像，如表 2-2 所示。

表 2-2 遥感影像数据

序　　号	数据内容	精度范围（m）	费　　用
1	卫星影像	0.61 ~ 2.5	高
2	航空影像	0.3 ~ 0.5	很高

二、数据采集时间

管道数据采集一直贯穿管道从设计、建设、投产直到运行的整个过程，不同时期针对不同的数据，采集侧重点不同，具体见表 2-3。

表 2-3 数据采集时间

数据采集内容	设计期	建设期	投产期	运行维护期
管道中心线（桩、阀室、站场边界）		●	▲	▲
干线设施（钢管信息、弯头、三通、阀）	●	★	★	★
阴极保护（保护电位、自然电位）				●
占压（违章建筑、外部管道）		●	★	★
内检测				●
外检测			●	★
修复		★	★	★
山川	●	★	▲	▲
水工保护	●	★	▲	▲
沿线环境（公路、铁路、河流、气候、土壤）	●	★	▲	▲

续表

数据采集内容	设计期	建设期	投产期	运行维护期
运行数据（温度、压力）			●	★
事故、失效数据		★	★	★

注：●最佳采集时期；▲可以采集，但比较麻烦；★需要数据更新采集。

第二节　管道建设期数据采集

管道建设期数据采集指在管道规划、设计、施工、竣工阶段，为满足管道运营期完整性管理需要应收集的数据内容及格式。需要管道设计方、施工方和监理方共同来完成。

一、建设期数据采集要求

1. 基础地理数据要求

（1）数据格式及坐标系统要求

1）要求数字地图文件为 GeoDatabase 格式；

2）要求遥感影像为 GeoTiff 格式。

（2）数字地图要求

1）数字地图标准依据国家同比例尺地图的分层、属性、编码标准；

2）地图应至少包含行政区划、公路、铁路、水系、居民地、等高线、数字高程模型（DEM – Digital Elevation Model）等基础地理图层；

3）所需比例尺的数字地图；

4）应覆盖管线两侧，距离按照相应比例尺进行设定；

5）要求制定好数据字典以备查找。

2. 影像数据要求

可应用的遥感影像类型包括卫星遥感影像和航空摄影影像。影像精度要求针对不同人口密度的地区，影像分辨率要求不同，对于3、4类地区，影像应能够清晰地识别出建筑物的轮廓及道路河流等要素，对于大型河流等环境敏感区应按其所在地区等级的高一级地区等级要求执行，具体要求

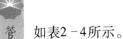

如表2-4所示。

表2-4 对影像精度及宽度的要求

地 区 等 级	分辨率（m）	覆盖宽度（km）	现势性（a）
4类地区	≤1	两侧各3	≤2
3类地区	≤1	两侧各2	≤2
2类地区	≤2.5	两侧各2	≤2
1类地区	≤5	两侧各2	≤2

注：地区等级的划分方法按照 GB 50251—2003《输气管道工程设计规范》执行。

（1）卫星遥感影像技术要求

在订购卫星遥感影像时，应符合以下技术参数要求：

1）云量：<20％；

2）拍摄角度（垂向夹角）：<30°；

3）地图投影：UTM 投影；

4）椭球体：WGS84；

5）数据格式：GeoTiff。

（2）航空摄影影像技术要求

航空摄影影像的技术参数要求按 GB/T 19294—2003《航空摄影技术设计规范》执行。

（3）影像纠正

1）影像纠正应利用数字高程模型（DEM）进行正射校正及通过野外高精度控制点进行多边形校正的方法，将原始影像纠正为具有地理坐标的正射影像；

2）影像观测刺点应在满足影像控制要求的前提下，优先选择距离管道两侧200m 的范围内布设点位，以保证管道中心线附近的校正精度；

3）刺点精度、地面多边形观测误差、影像纠正误差遵照GB/T 6962—2005《1∶500 1∶1000 1∶2000 地形图航空摄影规范》和 GB/T 15968—2008《遥感影像平面图制作规范》执行。

（4）影像数字化

1）依据影像，对管道中心线两侧各200m（如果管道是直径大于711mm，并且最大操作压力大于6.4MPa 的输气管道，则为管道中心线两侧各300m）范围内的建筑物、道路（含管道伴行路）、水系等全部详细要素分层并完成数字化；

2）对影像全图的应急设施（包括等级医院、消防队、公安局等）、多边形状居民地（包括村庄、居民区等）、乡级以上公路、铁路、重要河流、水源及其他重大风险源（如油库、化工厂）等要素分层并完成数字化；

3）公路、水系等地理数据应分别建立拓扑关系，以满足道路路网分析、河流流向分析的要求。

3. GPS 首级控制点的要求

1）应沿着管道走向建立 GPS 首级控制点，在管道建设期间用于管道放线及管道测量期间临时首级控制点的埋设间距、埋设方法、测量方法等，执行GB 50251—2003《输气管道工程设计规范》；

2）在管道线路竣工后，选择基础稳定，并易于保存的地点，如站场、阀室等建立永久 GPS 首级控制点，永久 GPS 控制点间距在 10～30km 之间，永久控制点应与附近的临时首级控制点做联测并进行误差分析；

3）点位应便于安置接收设备和操作，视野开阔，视场内不应有高度角大于 15°的成片障碍物，否则应绘制点位环视图；

4）点位附近不应有强烈干扰卫星信号接收的物体，理论上点位与大功率无线电发射源（如电视台、微波站等）的距离应不小于 400m，与 220kV 以上电力线路的距离应不小于 50m；

5）埋石规格参考国家 D 级 GPS 控制点要求，埋设的控制点应注意保护，避免被意外移动；

6）要求达到国家 D 级 GPS 控制点精度；

7）选定的点位及控制测量所引用的国家控制网点应标注于相应比例尺的地形图上，并绘制 GPS 控制网选点图；

8）应提交相应坐标系下的点位坐标成果（1985 黄海高程系），同时提交作业引用的国家控制网点（含 2000 国家 GPS 大地控制网）成果。

4. 管道专业数据要求

（1）中线测量成果

1）管道中心线成图比例尺一般为更大比例尺；

2）管道中心线测量应在管道下沟后、回填前进行，采用全站仪测量或者GPS 实时动态测量（RTK-Real Time Kinematic）、GPS 后动态测量（PPK-Post Processing Kinematic）等方法测量管顶经纬度坐标及高程；

3）测量要素主要包括：管道三桩、焊口、三通、弯头、开孔、阀、管件、地下隐蔽物等，详细要求见第二部分数据表格清单；

4）测量的其他技术要求，执行 SY/T 0055—2003《距离输油输气管道测量规范》中相应的规定。

（2）站场、穿（跨）越

1）站场、大中型穿（跨）越成图比例尺一般应更大；

2）测量技术要求执行 SY/T 0055—2003《距离输油输气管道测量规范》中相应章节的规定。

二、建设期数据采集内容

建设期管道数据采集除了基础地理数据、遥感影像以外，主要由管道施工承包商和监理商共同完成管道专业数据采集工作，具体分工如下：

1）施工承包商：根据完整性数据要求的内容进行数据采集，对所采集数据的真实性、准确性、完整性和及时性负责；

2）监理商：对各施工承包商采集的数据进行抽查，抽查率不得少于5%，监督施工承包商按照要求进行数据采集。

具体采集数据内容如表2-5所示，详细属性在数据字典进行记录。

表2-5　建设期完整性数据表格清单

序号	数据表名称	中 文 名 称	序号	数据表名称	中 文 名 称
1	Appurtenance	附属物	16	Dent	凹坑
2	AreaClass	区域等级	17	DepthOfCover	管道埋深
3	Casing	套管	18	RiskSource	风险源
4	Closure	封堵物	19	Elbow	弯头
5	Coating	防腐层	20	ElevationPoint	地表高程
6	ContourLines	等高线	21	EmergencyService	紧急服务
7	ControlPoint	控制点	22	FaultLines	断层线
8	Crossing	穿跨越	23	FloodZone	洪水区域
9	CPCable	阴保电缆	24	ForeignPipeline	第三方管道
10	CPCoupling	阴保通电点	25	HCA	高后果区
11	CPGalvanicAnode	牺牲阳极	26	Hydrology	河流
12	CPGroundBed	阳极地床	27	Joint	补口
13	CPPower	阴保电源	28	LandUse	土地利用
14	Crack	裂纹	29	LineLoop	管网
15	CurrentDrain	排流装置	30	LineLoopHierarchy	管网层次

续表

序号	数据表名称	中文名称	序号	数据表名称	中文名称
31	Marker	桩	47	Road	公路
32	MetalLoss	金属损失	48	SeismicActivity	活动地震带
33	MiscCrossing	其他穿跨越	49	SiteBoundary	站场边界
34	MunicipalBndry	市政边界	50	Slope	边坡
35	PCM	埋地管道探测仪读数	51	Soil	土壤
36	PiggingStructure	收发球筒	52	StationSeries	站列
37	PipeJoinMethod	管道连接方式	53	StructureOutline	建筑物
38	PipeInfo	钢管信息	54	SubSystem	子系统
39	PipeRepair	管道维修	55	SubSystemHierarchy	子系统层次
40	PipeSegment	管段	56	SubSystemRange	子系统范围
41	PressureTest	压力测试	57	Tap	开孔
42	Product	油/气产品	58	Tee	三通
43	ProvinceBndry	省界	59	Utility	公共设施
44	Railroad	铁路	60	Valve	阀
45	Reducer	异径管	61	WaterBody	多边形状水域
46	RightsOfWay	路权	62	Weld	焊缝

第三节 管道运行期数据采集

管道运行期数据采集是指在管道历史数据恢复工作已完成的基础上，各种基础数据、管道专业数据完整的条件下，专门针对管道运营期间日常运行而产生的新数据进行的数据采集。

一、运行期数据采集内容

管道运行期间产生的数据主要包括：

1) 日常运行数据：运行压力、运行温度；

2) 阴极保护数据：保护电位、自然电位、阳极接地电阻、恒电位仪；

3）维修维护数据：维修记录、改线记录、换管记录、防腐层大修记录、防腐层、检漏记录、水工保护维修记录；

4）沿线属性数据：管线周边 200m 建筑物、河流、铁路、公路、第三方管道、公共设施、土地利用；

5）管道缺陷数据：参照内检测数据。

二、运行期数据采集频率

管道运行期数据采集频率根据实际情况而定，具体如下：

1）每月一次：保护电位、恒电位仪；

2）半年一次：阳极接地电阻、自然电位；

3）每年一次：运行压力、运行温度，管线周边 200m 范围内的建筑物、河流、铁路、道路、第三方管道、公共设施、土地利用；

4）按完整性计划采集：管道修复数据；

5）不定期采集：改线、换管、维护抢修。

第四节　管道历史数据恢复

一、数据恢复工作流程

在传统的管道建设、管理过程中，管道各种历史数据资料缺失严重，而且存在精度不高、格式不统一等问题，尤其是没有保留管道的空间位置信息，所以在开展管道完整性管理工作之前，势必要进行一次大规模的管道历史数据恢复。管道历史数据恢复工作包括：管道中心线测量、管道设施测量、管道沿线属性调查、管道资料数字化、管道影像数据处理。其工作业务流程如图 2-1 所示。

在数据恢复过程中要明确管道运营公司人员和专业测绘公司人员的职责分工，双方要互相配合，管道运营公司人员要详细指出管道走向、管道周边基础地理信息，工作内容以资料整理和现场配合为主，包括现场配合测量公司人员进行管道中心线、桩、站场、阀室、阴保设施的测量。专业测绘公司工作内容以专业的测量和影像内业校正处理为主。具体职责分工如图 2 - 2 所示。

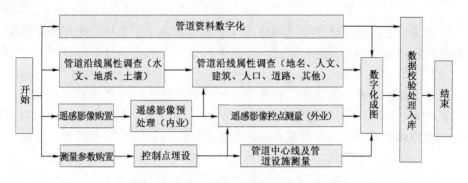

图 2 - 1　数据恢复工作业务流程

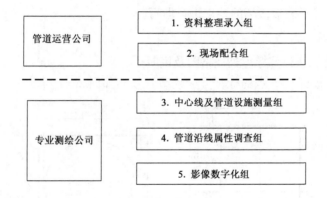

图 2 - 2　职责分工

从项目组织协调角度考虑，管道历史数据恢复实施流程如图 2 - 3 所示。

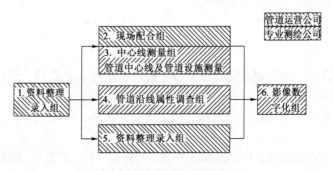

图 2 - 3　项目组协调施工顺序

二、管道中心线控制点埋设

管道中心线是管道所有设施空间位置定位的基础，任何管道设施都要依附于管道中心线的里程进行定位。管道中心线数据的准确性是保证其他管道设施数据准确的前提。

在测量管道中心线之前，首先要进行管道首级控制点的测量，包括：选点、埋石、观测。为保证测绘成果的统一性，需沿线布设首级控制网。首级控制网以国家 C 级及以上控制点为起算数据，按照 D 级 GPS 网的要求布设。

1. 选点

选择的控制点沿管道应该每 20km 左右一个，尽可能选择在管道阀室、管道站场等建筑物顶部，阀室、站场间隔距离大于 30km 的时候，可以在管道里程桩附近选择不易被破坏的地点进行埋石。

2. 埋石

（1）建筑物顶部标志桩规格图及说明

建筑物顶部 GPS 点的标石（天线墩）规格如图 2 - 4 所示。

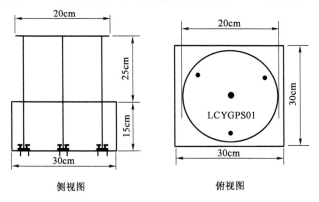

侧视图　　　　　　　俯视图

图 2 - 4　埋石顶部标志物规格

1）建筑物上的控制点标志桩全部埋设在管道建筑物顶部，选在便于联测的楼顶承重墙上方；

2）标志桩分为三部分：顶部为钢制圆盘，中部为钢制支架，底部为混凝土底座；

3）顶部的钢制圆盘直径 20cm，厚度 3 ~ 6mm，中心开直径 18mm 的圆孔；

4）标志圆盘表面刻标石编号，编号规则为"管线拼音缩写 + GPS + 编号"，如兰成渝 1 号 GPS 标志编码为"LCYGPS01"，字符高度 12mm，刻字线宽 1~2mm，刻线深度 0.8~1mm；

5）钢制圆盘底焊接 3 根直径 15~20mm 粗螺纹钢，呈正三角形分布，螺纹钢支架长度 40cm，螺纹钢支架底端焊接螺母，用钢钉穿过螺母将支架固定在建筑物顶部；

6）标石应现场浇灌，浇灌前应将屋顶面磨出新层、打毛，套模浇灌，将螺纹钢支架下部牢固地浇筑在水泥底座内，螺纹钢埋深 15cm；

7）顶部钢制圆盘应保证水平，金属构件在施工后应做防锈处理；

8）埋石结束后应填写 GPS 点之记；

9）待现场浇灌的标石凝固后 2~3 天方可观测。

（2）一般普通标石规格图及说明

一般普通标石规格如图 2-5 所示。

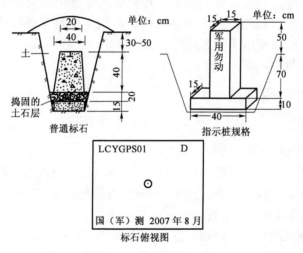

图 2-5　普通标石规格

管道建筑物顶部不适合架设标志桩时，应在站场等管道设施院内或其附近埋设一般普通标石。一般普通标石分为两部分，上标石和下标石，为了方便使用，在标石正北方约 2m 附近埋设指示桩。上下标石正面左上角刻标石编号，编号规则为"管线拼音缩写 + GPS + 编号"，比如管道线 1 号 GPS 标志编码为"GDXGPS01"；右上角刻 GPS 点等级，如"D"，表示为 D 级 GPS 点；左下角刻权属单位，如"中国 XX 公司"；右下角刻测量年月，如"2007 年 8 月"；字符大小应以字迹清晰、整体不拥挤为宜，刻深不小于 5mm；上下标石中心应严格在同一铅垂线上，偏差不大于 2mm；指示桩上部刻"勿动"或

"测量标志请勿移动"字样。标石埋设点位要求执行 GB/T 18314—2009《全球定位系统（GPS）测量规范》规定。观测埋石规格参考国家 D 级 GPS 控制点要求，埋设的控制点要注意保护，避免被意外移动。GPS 网应与国家三角点或 GPS 点联测。联测点数执行 SY/T 0055—2003《距离输油输气管道测量规范》中的规定，联测点宜在网中均匀分布；精度按 SY/T 0055—2003《距离输油输气管道测量规范》中规定的 D 级 GPS 控制点要求执行；可使用高程拟合的方法求得 GPS 网中未知点的高程。GPS 网点除利用国家已知水准点外，应适当联测高程点。联测高程可用等级水准或与其精度相当的其他方法测定。选定的点位及控制测量所引用的国家控制网点应标注于相应的地形图上，并绘制 GPS 控制网图作为提交成果。提交所需各坐标系下的点位坐标成果及误差分析报表，同时提交作业引用的国家控制网点坐标成果。

3. 控制点的保护

控制点是管道数据成果的基准，在管道运营维护和大修中将长期利用，应加强保护。首级控制点作为管道重要基础设施应每年进行维护，如检查、油漆等。加密控制点由于设在野外，易受破坏，破坏后应尽快恢复并与首级控制点联测，重新记录其坐标。

三、管道中心线测量

1. 测量方法

地下管线探测方法采用明显管线点实地调查，隐藏管线点物理探测和开挖调查。在实际工作中常将这三种方法相结合进行测量。

1）明显管线点实地调查。

对有出露点的明显管线点，逐一实地调查，清楚管线的走向及其属性信息（如材质、管径、阀、三通、埋深等），量测管线平面位置和高程，填写管线调查表。

2）隐蔽管线点物理探测。

对那些地表没有明显标志的地下管线，采用物理的方法确定其平面位置和埋深，主要使用管线探测仪和探地雷达等仪器进行探测。地下管线探测应采用管线探测仪进行作业。使用专用管线仪探测平面位置的激发方式主要采用直接法、夹钳法、感应法，定位一般采用极大化法，探测埋深的方法采用直读法、70% 衰减法。各类仪器和方法其功能各有所长，功能互补，均应通过方法试验，确定有效性、精度及深度修正系数。探测确定的直埋管线点，应采用相应的方法做好地面标志，以便进行坐标测定。

3）对采用上述方法不能确定位置的管线，应采用走访调查、资料分析并结合开挖验证的方法加以确定。

采用 GPS‑RTK 、GPS 连续运行参考站（CORS）技术或其他能够满足要求的方法进行管线点的坐标与高程测定；以调查、探测时设置的管线点标志为准测定管线点坐标；高程为地面高程。

2. 测量内容

1）采集属性信息，主要包括：坐标、高程、埋深、管线名称、桩号、与桩的距离、备注等；

2）管道里程桩、转角桩对应的管道位置需测量；

3）管道入地点、出地点及管道穿越、跨越的起始点、结束点需测量；

4）弯管段应加密测量；

5）坐标及高程：测量位置为管道顶部上方地面，高程为地面高程；

6）埋深：测量管道顶部与地面的垂直距离；

7）桩号：标注该测点位置临近的管道桩号；

8）与桩的距离：标注该测点与临近的管道桩的距离（沿管道输送介质流向前后几米）；

9）备注：标注测点属性（入地点、出地点、某穿越起点等）。

需要说明的是：管道中心线测量应按照里程顺序与管道上的设施同步测量，测量应从站场内开始，两个站场间测量要素按顺序一般为：管道发球筒、阀、弯头、三通、弯头、法兰（出站绝缘法兰）、站外管道、阀门（阀室）、站外管道、法兰（进站绝缘法兰）、弯头、三通、弯头、阀门、收球筒。在内业成图时，以上测点（含管道上的阀、三通等设备位置）将成为管线控制点（ControlPoint，说明见数据字典），ControlPoint 的连线即为管道站列（Station‑Serise，说明见数据字典），站列的里程为管道 3 维方向的实长（通过 Control-Point 的 x、y 坐标以及高程计算获得）。

四、管道设施测量

管道设施测量的内容包括：管道的各种桩、干线设施、阴极保护设施、第三方管道、水工保护、穿跨越等的测量。

1）管道桩采集属性包括：坐标、高程、管线名称、桩号、桩类型、备注等。测量位置为桩的顶部几何中心，高程为桩的顶部高程。

2）管道设施测量内容为：收发球筒、水工保护设施、阴极保护设施（阴保地床、阴保电缆、阴保电源、牺牲阳极、阴保通电点)、穿跨越、站场边界、阀室边界等。对于由于建筑阻挡等原因难以测量的设施,应结合设计资料,使用测距仪、皮尺等设备进行测量成图。对于定向钻、隧道等无法测量的部分,应对设施起点、终点进行测量,同时结合原始设计图纸(由管道运营公司提供)由内业完成无法测量部分管道中心线的成图。

3)第三方管道及公共设施包括:地下电力电缆、污水管道、自来水管道、地下电话电缆、光纤、电视电缆、高架电力线路、高架电话线、光纤、外部输油管道、外部输气管道、索道、实体墙、栅栏等线状要素;点状要素包括油井(抽油机)、气井、电力变压器等。

4)水工保护设施窄边宽度≥1m的应采集为面状要素,否则采集为线状要素。

5)测量对象的其他属性,如阀门类型、水工保护类型等属性由管道运营公司向属性调绘公司提供资料获取。

五、管道沿线属性调查

管道沿线属性调查是在管道各种测量成果的基础上,对管道沿线和管道相关的设施,包括阴极保护、环境信息、地理信息、自然状况进行属性调研,以为 HCA 分析、风险评价提供相应的数据支持,为管道事故后果分析、维抢修以及日常维护等工作需要收集管道周围详细的地理信息,这些信息变更频繁,需要经常更新。

1. 采集范围

采集范围以管道中心线为核心,针对采集的对象信息不同,设定了不同的管道两侧采集范围,具体范围如图 2-6 所示。

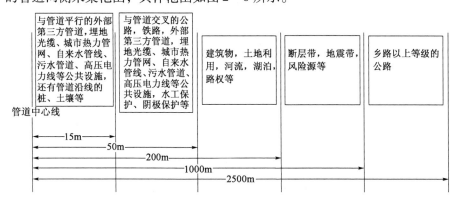

图 2-6 管道沿线属性数据采集范围

2. 采集内容

采集的具体属性信息如表2-6所示。

表2-6　沿线属性调查采集内容

序号	数据表名称	中文名称	要素类型	备　注	采集范围 (管道两侧各多少米)
1	MeasureControlPoint	测量控制点	点	国家及管道运营公司建立的永久基准点	阀室、站场内
2	Crossing	穿跨越	线	指管道的三穿，需要采集为何种具体穿跨越，以及穿跨越长度、方式等信息	按实际情况
3	CPCable	阴保电缆	线	需采集阴极保护的相关属性，包括地床、阴保电缆、牺牲阳极的位置、材料、恒电位仪的给定电位、排流类型等信息	按实际情况
4	CPCoupling	阴保通电点	点		按实际情况
5	CPGalvanicAnode	牺牲阳极	点		按实际情况
6	CPGroundBed	阳极地床	线		按实际情况
7	CPPower	阴保电源	点		按实际情况
8	CurrentDrain	排流装置	点		按实际情况
9	EmergencyService	紧急服务	点	需要采集紧急服务的类型和位置信息	按管道实际需要
10	FaultLines	断层	线	需要采集断层方向、类型、频度、等级等信息	1000m
11	SeismicActivity	地震带	线	需要采集发生频率、走向等信息	1000m
12	FloodZone	洪水区域	多边形	需要采集洪水的频率、等级、高风险月份	1000m
13	FloodProtection	线状水工保护	线	小的挡水墙按线记录，大的护坡、过水路多边形按多边形记录，需采集构筑物尺寸、水工保护材料、类型等信息	按实际情况
14	FloodProtection	多边形状水工保护	多边形		按实际情况
15	ForeignPipeline	外部管道	线	本公司以外的其他公司管道，需采集管道的直径、类型、介质、是否相交、联系人、联系方式等信息	15m平行，50m相交

序号	数据表名称	中文名称	要素类型	备 注	采集范围 （管道两侧各多少米）
16	RiskSource	风险源	多边形	管道周边潜在的自然灾害，需要采集风险类型等信息	1000m
17	Hydrology	河流	线	需采集河流类型、流向、年平均流速、冲刷深度等信息	200m
18	LandUse	土地利用	多边形	需采集管道沿线土地利用类型，以及管道对周边环境是否敏感等信息	200m
19	MunicipalBndry	行政边界	多边形	如果从专题图中无法获取乡、村的边界，需要在管道所在地域范围内标明边界范围	按实际情况
20	ElevationPoint	地表高程	点	采集地势起伏变化明显的管道周边地表高程信息	200m 山区，15m 平原
21	Marker	桩	点	主要采集桩的类型和桩号信息	按实际情况
22	Railroad	铁路	线	主要采集是否是电气化铁路	200m
23	RightsOfWay	路权	线	主要采集是临时征地还是永久征地	按实际情况
24	Road	公路	线	主要采集公路等级、是否限速、是否是单行路	200m 乡路以下，2500m 乡路以上
25	Climate	管道沿线气候	线	—	按实际情况
26	SiteBoundary	站场边界	多边形	采集站场围墙边界，及站场类型	按实际情况

续表

序号	数据表名称	中文名称	要素类型	备　注	采集范围 (管道两侧各多少米)
27	Slope	边坡	多边形	采集坡角、坡向等信息	1000m
28	SoilZone	管道沿线土壤	多边形	采集土壤类型、pH值等信息	15m
29	StructureOutline	建筑物	多边形	采集建筑物层数、单元数、是否有人居住、人口数量、是否易于疏散等信息	200m
30	UtilityPoint	点状公共设施	点	采集公共设施类型，主要是位置信息，例如，油井、变压器、高压线等	15m平行，50m交叉
31	UtilityPolyline	线状公共设施	线		
32	Valve	阀	点	如果施工资料中无法查阅到相关信息，可以在测量时采集相关属性信息	按实际情况
33	Tee	三通	点		
34	Elbow	弯头	点		
35	PiggingStructure	收发球筒	线		
36	WaterBody	多边形状水域	多边形	采集相关双线河、池塘、水库等相关信息	200m

3. 采集方法

在做管道沿线属性调查过程中，专业测绘公司需要采集具体空间位置信息，道路、铁路、河流、建筑物等空间位置信息可以根据 1∶5000 遥感影像提取，根据采集对象的图形形状不同，按照点、线、多边形分别存储。管道运营公司负责配合管道属性信息的采集工作。其他专业性较强的数据如土壤 pH 值、断层带、地震带等数据，空间信息可以根据 1∶5000 专题图提取空间位置信息，其属性信息则可从相关地质、水文、气象部门获取。具体要求如下：

（1）道路

1）乡道以上等级道路调查范围为管道左右距离 2500m，乡道以下等级道路调查范围为管道左右距离 200m，按属性分成线段调注，标明分界点。补绘有效范围内的新增道路。

2）名称——调注国家政府部门的正式命名或普遍称呼的名称，没有名称的道路可根据其起始点自行命名。例如，兰州—临洮的公路可命名为兰临公路，其他道路相同。

3）类别——分为主要街道、次要街道、高速公路、国道、收费国道、省道、收费省道、普通公路、收费的普通公路、简易路、大车路、乡村路、小路、时令路、伴行路、过境公路、隧道、桥梁、渡口、其他能够通行的设施。

4）是否为单行线——非单行线/单行线。

5）通过速度——根据路多边形的宽度和车辆通行情况分段估算车辆的通过速度，并标注在调查点上。

6）状态——使用中、建设中、废弃，或者其他状态。

7）转弯点——是指限制左右转弯的道路交叉点，包括立交桥、限制左转的路口等。调注限制转弯的方向并测注坐标。

（2）铁路

1）调查范围为管道左右距离 200m，按属性分成线段调注，标明分界点。补绘有效范围内的新增铁路。

2）铁路用地所有人及联系方式。调注铁路用地的所有单位或所有人，以及所有单位的负责人和所有人的电话，并标出有效范围内的界线，此项只在适用时调查。

3）铁路运营商及联系方式。调注有效范围内的铁路的管理单位及单位负责人的电话（车站名称及负责人的电话，或值勤点的名称及负责人的电话）。

4）铁路类型——单线铁路、复线铁路、是否电气化铁路。

5）状态——使用中、建设中、废弃，或者其他状态。

6）是否为客运铁路——非客运铁路/客运铁路。

（3）公共设施线路与第三方管道

1）公共设施线路与第三方管道是指地下电力电缆、污水管道、自来水管道、地下电话电缆/光纤、有线电视电缆、高压电线、高架电话线\光线、索道、实体墙、栅栏、城市热力管网、土坝、其他。点状公用设施指油井、气井、电力变压器。

2）与管道平行的公用设施线路与第三方管道的调查范围为 15m，与管道相交 的公用设施线路与第三方管道的调查范围为 50m，点状公用设施的调查范围为 50m。

3）外业要调绘线路或管道的地址、所有者、主要联系人和联系方式、公称直径。

（4）水文

1）调查范围为管道两侧 200m 的区域。调查要重点依靠相关部门提供的数据。

2）水系的主要类别有：双线河、单线河、双线渠、单线渠、排洪沟、运河、湖泊、池塘、水库、双线时令河、单线时令河、双线干河床、单线干河床、地下暗河、其他。

3）调查的主要内容有：名称、年平均流速、最大流速、最小流速、流向、是否是季节性河流、是否是饮用水源、长度、最大流量、管道埋深、建造方法等。

（5）建筑物

1）调查范围为管道两侧 200m 的区域，在原图上标明每一类型建筑物的范围。

2）类型——省政府/直辖市驻地街区、市（地级市）政府驻地街区、县（县级市）政府驻地街区、乡政府驻地街区、公安局\派出所、消防队、军队驻地、油（气）库（罐）、加油站、村庄、学校（分 500 人以上和 500 人以下）、医院、幼儿园、工矿企业、维抢修中心、仓库/仓储建筑物、科研院所/事业单位/办公楼、小型商店/杂货店/小卖部、温室大棚、大型商店/商业广场、农贸市场/集市、餐馆/酒吧、监狱、旅馆、公寓楼（居民楼）、多家庭住宅/居民（平房）、单一家庭住宅/居民（平房）、无人居住设施（车库/工棚/谷仓）、公园、户外运动场（足球场/棒球场/篮球场等）、电影院/音乐厅、名胜古迹、寺庙/教堂、疗养院、停车场、体育馆、厂房、其他。

3）省政府/直辖市驻地街区、市（地级市）政府驻地街区、县级政府、乡级政府为管道通过位置的所属政府。调查省、市、县、乡政府的名称、上一级政府、主要联系人、办公场所地址、联系电话。

4）村庄——为管道通过位置所属的或有效范围内的村、小区。调查内容：村名/小区名称、上一级行政区、有效范围内的村界/小区的范围、人口数量、联系人、联系电话。

5）固定电话——有效范围内村/小区内的固定电话的所有人、电话号码、类型（公用或私人）、电话所在位置的坐标。

6）村庄名，自然名与行政名并存时，同时调注。自然村的人口数和行政村的人口数要分别调注。村界只调绘行政村之间的分界线，特别有效范围内居民地的分界。

7）学校/幼儿园——按学生人数大于 500 人与学生人数小于 500 人分别命名。调查内容：学校/幼儿园的名称、联系人姓名、联系电话、学生人数、教师人数。

8）公寓楼——调查内容：所属单位、所在地址、住户数、负责人姓名、联系电话。

9）多家庭住宅/单一家庭住宅——指有效范围内的独立院落。调查内容：户主姓名、住户人数、联系电话。

10）医院——管道所经过的乡镇以上的医院全部调查。调查内容：名称、值班室电话、床位数、日均病人数、医护人员数。

11）工矿企业——调查内容：名称、负责人姓名及联系电话、值班室电话、职工人数、产品名称。

12）仓库/仓储建筑物——调查内容：名称、负责人姓名及联系电话、值班室电话、职工人数、存储货物类型。

13）科研院所/事业单位/办公楼——调查内容：名称、负责人姓名及联系电话、值班室电话、职工人数。

14）大型商店/商业广场——调查内容：名称、负责人姓名及联系电话、值班室电话、职工人数。

15）农贸市场/集市——调查内容：所在位置、负责人姓名及联系电话、值班电话、开市时间、摊位数。

16）餐馆/酒吧——调查内容：所在位置、名称。

17）监狱——调查内容：所在位置、名称、负责人姓名及联系电话、值班电话。

18）旅馆——调查内容：所在位置、名称、负责人姓名及联系电话、值班电话、床位数。

19）无人居住设施——包括车库、工棚等。调查内容：所在位置、名称、负责人姓名及联系电话、值班电话。

20）公园——应在底图上调绘出边界。调查内容：所在位置、名称、负责人姓名及联系电话、值班电话。

21）户外运动场——调查内容：所在位置、名称、负责人姓名及联系电话、值班电话、用途（篮球场、足球场等）。

22）电影院/音乐厅/体育馆——调查内容：所在位置、名称、负责人姓名及联系电话、值班电话、最大容纳人数。

23）名胜古迹/寺庙/教堂——调查内容：所在位置、名称、负责人姓名及联系电话、值班电话、平均客流量、聚集时间。

（6）水工保护

1）调查范围为管道左右50m的区域，主要调注水工保护名称、标段名称、所属管理处、长度、构筑物尺寸、施工单位。

2）类型——主要为围堰、堤坝、挡墙、排洪沟、护坡、过水涵洞、截水沟、河流配重、过水路多边形、沟渠硬化、其他。

3）材料——块石、砂袋、混凝土、砖砌块、粘土、沙砾石、草袋、毛石砂浆、灰土、浆砌毛石、浆砌片石、浆砌石、制构件、其他。

4）状态——在用的、已废弃、计划的、建设中、修复中、损坏、其他。

六、管道影像数据处理

1. 高分辨率数据概况

管道周边的地形地物空间信息是管道完整性管理过程中的重要数据，这些数据可以通过对高分辨率遥感影像进行数字化处理提取到相关的信息，在管道完整性管理的实际应用中主要包括卫星影像和航空影像。传统上，高分辨率的卫星影像通常是指像素的空间分辨率在10 m以内的遥感影像。早期高分辨率传感器的研制与应用主要是在军事领域，以大比例尺遥感制图和对地物的分析及人类活动的监测为目的。20世纪90年代以后才逐渐进入商业和民用领域的范围，并迅速发展起来。1993年，美国Space Imaging公司首先获得了制造和经营3m分辨率传感器的许可证，随后1m分辨率的许可证陆续发给了洛克希德公司、Earth‐View公司、Ball公司等。1999年以后，随着高分辨率卫星的快速发展，高分辨率影像就特指空间分辨率大于1m的卫星影像。随着全球1：10000甚至更高比例尺空间基础地理信息采集和地图测绘方面的巨大应用需求，高分辨率卫星遥感数据市场得到极大扩展。

2. 典型的卫星影像特征与参数

与传统的低空间分辨率的卫星影像相比，高分辨率卫星影像具有以下特点：

1）单幅影像的数据量显著增加；

2）成像光谱波段变窄；

3）地物的几何结构和纹理信息更加明显；

4）从二维信息到三维信息；

5）高时间分辨率。

以下面几种典型卫星进行说明。

（1）IKONOS 卫星及其影像特征

IKONOS 卫星于 1999 年 9 月 24 日发射成功，是第一颗提供高分辨率卫星影像的商业遥感卫星。IKONOS 可采集 1m 分辨率全色和 4m 分辨率多光谱卫星影像，同时可将全色和多光谱影像融合成 1m 分辨率的彩色影像。至今 IKONOS 已采集超过 $2.5 \times 10^8 km^2$ 涉及每个大洲的影像。从 681km 高度的轨道上，IKONOS 的重访周期为 3 天，并且可从卫星直接向全球 12 个地面站传输数据。IKONOS 影像产品具有以下优势：

1）大范围高效采集；

2）提供同轨立体影像；

3）大量合格存档数据。

IKONOS 卫星及影像的详细参数可参考表 2-7 至表 2-9。

表 2-7　IKONOS 卫星参数

发 射 日 期	1999 年 9 月 24 日
发射平台	雅典娜 Ⅱ
发射地点	美国加利福尼亚范登堡空军基地
卫星制造商	洛克希德马丁（LOCKHEED MARTIN）公司
传输及数据处理系统制造商	雷神（RAYTHEON）公司
光学系统制造商	柯达（KODAK）公司
轨道高度	681km
轨道倾角	98.1°
轨道运行速度	6.5～11.2km/s
影像采集时间	每日上午 10：00—11：00
重访频率	获取 1m 分辨率数据时间：2.9d 获取 1.5m 分辨率数据时间：1.5d
轨道周期	98min
轨道类型	太阳同步
重量	817 kg

表 2 - 8　IKONOS 影像产品参数

星下点分辨率	0.82m
产品分辨率	全色：1m；多光谱：4m
成像波段	全色
	波段：0.45 ~ 0.90μm
	多光谱
	波段 1（蓝色）：0.45 ~ 0.53μm
	波段 2（绿色）：0.52 ~ 0.61μm
	波段 3（红色）：0.64 ~ 0.72μm
	波段 4（近红外）：0.77 ~ 0.88μm
制图精度	无地面控制点：水平精度 12m，垂直精度 10m

表 2 - 9　IKNOS 基础影像产品目录

级别	产品类别	备　注
Geo L2 单景	1m 全色 PAN	1m 分辨率 仅全色波段
	4m 多光谱 MSI	4m 分辨率 4 个多光谱波段
	1m 彩色 PSI	1m 分辨率；提供全色与 3 个多光谱波段融合单一文件或全色分别与 3 个多光谱波段融合的 3 个独立文件
	捆绑产品 PAN + MSI	全色及多光谱 4 波段文件分别提供
Ortho Kit	1m 全色 PAN	—
	4m 多光谱 MSI	采集倾角大于 72°，适于作正射影像产品
	1m 彩色 PSI	其余规格同 Geo L2
	捆绑产品 PAN + MSI	—
Geo L2 立体	1m 全色 PAN	—
	Stereo 4m 多光谱 MSI	立体影像产品
	1m 彩色 PSI	其余规格同 Geo L2
	捆绑产品 PAN + MSI	—

（2）QuickBird 卫星及其影像特征

美国 Digital Globe 公司于 2001 年 10 月发射，QuickBird 卫星系统每年能采集 $7500 \times 10^4 km^2$ 的卫星影像数据。该卫星在中国境内每天至少有 2 ~ 3 个过境轨道，有存档数据约 $500 \times 10^4 km^2$。Digital Globe 公司是全球商业化卫星遥感领域的引导者, 0.5m 分辨率的商用卫星 WorldView 影像数据已于 2009 年下半年投入市场使用。

QuickBird 卫星及影像的详细参数可参考表 2 - 10 和表 2 - 11。

表 2 - 10　QuickBird 卫星参数

发射信息	发射日期: 2001 年 10 月 18 日 发射时限: 1851 ~ 1906GMT (1451 ~ 1506 EDT) 运载火箭: Delta Ⅱ 发射地点: SLC - 2 美国加州范登堡空军基地
轨道	高度: 450km 98°, 太阳同步轨道 周期: 3 ~ 7d, 0.6m 分辨率取决于纬度范围
采集能力	128G (57 幅单景影像)
幅宽和面积	规定幅宽: 16.5km 星下点面积: 单景面积—16.5km×16.5km; 条带面积—16.5km×165km
精准度	无地面控制点情况下 水平误差: 23m; 垂直误差: 17m
像素位深	11bits
星载存储量	128 Gbits 存储量
航天器	燃料可供 7a, 2100lb, 3.04m 长

表 2 - 11　QuickBird 成像参数

成像方式	推扫式扫描成像方式
传感器	全色波段; 多光谱
分辨率	0.61m (星下点); 2.44m (星下点)
波长	450 ~ 900nm 蓝: 450 ~ 520nm 绿: 520 ~ 660nm 红: 630 ~ 690nm 近红外: 760 ~ 900nm

星下点成像立体成像	沿轨/横轨迹方向（＋/－25°）
成像模式	单景：16.5km×16.5km； 条带：16.5km×165km
倾角	98°（与太阳同步）
重访周期	1～6d（0.7m分辨率，取决于纬度高低）

（3）GeoEye－1卫星及其影像特征

美国GeoEye公司于2008年9月6日发射了GeoEye－1。该卫星具有分辨率高、测图能力极强、重访周期极短的特点。GeoEye－1卫星的特点是真正的半米卫星：全色影像分辨率0.41m，多光谱影像分辨率1.65m，定位精度达到3m；具备大规模测图能力：每天采集近$70×10^4km^2$的全色影像数据或近$35×10^4km^2$的全色融合影像数据；重访周期短：3d（或更短）时间内重访地球任一点进行观测。卫星及影像参数见表2－12和表2－13。

表2－12　GeoEye－1卫星参数

运载火箭	Delta Ⅱ
发射地点	加利福尼亚范登堡空军基地
卫星重量	1955kg
星载存储器	1T bit
数据下传速度 X－band 下载	740mb/s
运行寿命	设计寿命7a，燃料充足可达15a
数据传输模式	储存并转送； 实时下传； 直接上传和实时下传
轨道高度	684km
轨道速度	约7.5 km/s
轨道倾角/过境时间	98°/10：30am
轨道类型/轨道周期	太阳同步/98min

表 2 - 13　GeoEye - 1 影像参数

相机模式	全色和多光谱同时（全色融合）；单全色；单多光谱		
分辨率	星下点全色：0.41m；侧视 28°全色：0.5m；星下点多光谱：1.65m		
波长	全色：450 ~ 800nm		
	多光谱	蓝：450 ~ 510nm	
		绿：510 ~ 580nm	
		红：655 ~ 690nm	
		近红外：780 ~ 920nm	
定位精度（无控制点）	立体 CE90：4m；LE90：6m；单片 CE90：5m		
幅宽	星下点 15.2km；单景 225km^2（15km × 15km）		
成像角度	可任意角度成像		
重访周期	2 ~ 3d		
单片影像日获取能力	全色：近 700000km^2/d；全色融合：近 350000km^2/d		

3. 典型的航空影像特征与参数

除了卫星遥感高分辨影像数据外，航空影像数据具有直观、信息量丰富、可读性强等诸多优点，因此它既是基础地理数据产品的重要组成部分，又是生产或合成其他基础地理数据产品的信息来源与基础。利用航空影像数据，通过全数字摄影测量系统的处理，可以生产数字线划图（DLG）、数字高程模型（DEM）、数字正射影像图（DOM）、数字栅格地图（DRG）等4D 产品并建立相应的数据库，通过这些基础数据产品，还可以制作生产一个地区的等高线图、三维景观图等其他附加产品。但是相比卫星影像而言其费用更高。

航空影像数据的获取是通过在飞机上加载摄影平台（航摄仪）、按一定的要求拍摄地面来获取影像数据的。随着仪器的不断发展和技术手段的不断更新，航空影像数据获取变得更加快捷、高效率、高质量。下面从数据的获取方式对其进行简单介绍。

（1）普通航摄仪

如 RC 系列、LMK 系列等，采用航摄胶片来记录拍摄的地面影像数据，数字影像数据要经过专用的航片扫描仪处理来获得。

（2）数字航摄仪（DMC）

如德国 Carl Zeiss（卡尔—蔡司）公司和美国 Intergraph 公司合作生产的用于地图量测的数字航空摄影仪，数字航摄仪主要由陀螺平台、相机镜头单元、相机中心电子单元、数据存储系统、航飞管理控制系统、飞行软件系统和航空摄影数据后处理系统 7 大部分组成，可同时得到黑白、彩红外和真彩色的数字影像。相对于普通航摄仪，数字航摄仪既节约了成本，又提高了工作效率，并在产品种类、质量和成果可靠性上都有较大的提高。

（3）机载激光雷达系统（LIDAR）

在航飞影像中，机载激光雷达系统（LIDAR）性能最为突出，它可以提供管道沿线的高分辨率航飞影像和地形数据，同时能够生成其他 4D 产品作为管道完整性管理的数据源。基于其提供数据的强大能力和数据品质，本教程在此也作简略介绍。机载激光雷达系统是一种综合应用激光测距仪、IMU、GPS 的新型快速测量系统，能够直接联测地面物体各个点的三维坐标。系统还集成了高分辨率数码相机，用于同时获取目标影像。LIDAR 系统由以下几个部分组成：动态差分 GPS、姿态测量装置（IMU）、激光扫描测距系统、成像装置、飞行管理系统。

相比传统的航空遥感影像，LIDAR 有其独特的技术特点和技术优势：

1）数据密度高。根据不同工程需要，可以灵活调节不同地表激光点采集间隔。Leica 最新型号 ALS50－Ⅱ 设备，激光点采集间距可以达到 0.15m，甚至更小，数据采集密度极大，非常有利于真实地面高程模型的模拟。

2）数据精度高。与传统航摄不同，采用激光回波探测原理，LiDAR 数据的高程精度不受航飞高度影响，且激光具有极高的方向指向性，加上 LiDAR 配置的高精度姿态测量系统，即使没有地面控制点，也能达到较高的定位精度。

3）植被穿透能力强。由于激光探测具有多次回波的特性，激光脉冲在穿越植被空隙时，可返回树冠、树枝、地面等多个高程数据，有效克服植被影响，更精确探测地面真实地形。

4）不受阴影和太阳高度角影响。LiDAR 技术以主动测量方式采用激光测距方法，不依赖自然光；而因受太阳高度角、植被、山岭等影响传统航测方式无能为力的阴影地区，LiDAR 在其获取数据的精度方面完全不受影响。

5）人工野外作业量小。采集的每个激光点都带有真实三维坐标信息，仅需布设极少量野外地面控制点用于精度检校。

6）产品丰富。利用获取的高密度、高精度点及影像数据，还可生成数字表面模型（DSM）、数字高程模型（DEM）、数字线划图（DLG）、数字正射影像（DOM）等。

目前，LIDAR 系统主要由国外制造商生产，如加拿大 OPTECH 公司生产的 ALTM3100 和德国 IGI 公司生产的 LiteMapper5600。ALTM3100 和LiteMapper 5600 机载激光扫描遥感系统同时还集成了 CCD 相机，它与激光探测和测距系统协同作业，同步记录探测点位的影像信息，因此它可直接获取一个地区高精度的数字高程模型（DEM）、数字地表模型（DTM）、数字正射影像图（DOM），由于这种方法可以直接获取高精度的正射影像数据，免去了影像处理的环节，它的成果可以广泛应用于城市测绘、规划、林业、交通、电力、防灾等部门。

4. 管道沿线高分辨率遥感影像处理

购买到管道沿线的原始遥感影像后，首先需要进行一些处理措施，才能应用到测量过程和属性调查中。处理步骤基本如下：

（1）原始数据建库

原始遥感影像存在如下情况：影像文件多；影像的数据量大；影像的数据质量差异大；影像存储在多个介质（光盘）中；影像的获取时间不同；影像的覆盖范围不同；影像的轨道参数不同。因此，必须对原始遥感影像进行整理，建立原始遥感影像档案，统一存储，这对下一步的工作及今后的分析利用很有必要。原始数据建库的主要工作如下：

1）影像统一存储；

2）建立原始影像档案数据库；

3）档案数据库包括影像文件名、数据类型、存放位置、获取时间、覆盖范围（坐标信息）、轨道参数文件索引、文件大小等内容；

4）原始影像图索引，便于直观显示各个影像图的相对位置、查询影像图的基本信息，以及影像图和管道中心线的关系（如覆盖管线中心线的范围、覆盖桩号、距离管道中心线的最远距离和最近距离）。

（2）遥感影像预处理

原始遥感影像除上述存在的情况外，还可能存在以下情况：

影像的覆盖范围与有效覆盖范围差异大；影像可能存在重叠；影像的显示效果差。因此，我们需要对原始遥感影像进行初步的数据处理。

1）尽可能截取影像的有效覆盖范围，去除无反射信息的区域，减少冗余数据量并节省存储空间；

2）对影像重叠部分，保留质量好的影像，裁剪质量差的影像，减少数据量；

3）对影像进行辐射增强和空间增强处理，增强显示效果；

4）将影像按照所需比例尺地图标准分幅。

（3）遥感影像初步配准

通过原始遥感影像参数文件，在所要求比例尺大小的 DEM 上同时利用同比例尺地形图上的控制点，对遥感影像做正射校正和初步配准。

（4）影像融合

在初步配准的基础上，需要进行遥感影像全色波段和多光谱波段的融合，以综合两者的优点。遥感影像融合方法很多，较成熟的有主成分分析法（PCA）和 HIS 变换法两种，另外还有 Brovey 变换法、高通滤波融合法、合成变量比值变换（SVR）、小波变换、基于小波变换的 HIS 变换和缨帽变换等方法，融合的步骤见图 2-7。

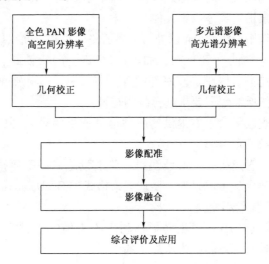

图 2-7 影像融合步骤示意图

（5）遥感影像绘图

配准后的影像叠加管道中心线，利用高分辨率绘图仪按照所需比例尺绘图，以便于外业像控点刺点。

（6）制定外业控制测量作业方案

包括外业测量的技术方法、人员分组、观测路线、时间计划等。

（7）观测刺点

选择实地和遥感影像都有明确标志的点位观测，在满足影像控制要求的前提下，点位应优先选择在距离管道两侧200m的范围内，以保证管道中心线附近的校正精度。遥感影像的刺点精度为0.1mm，地面观测误差需小于0.3m。提交成果包括常用各坐标系数据及其误差分析。

（8）影像纠正

利用外业像控点对影像进行纠正，纠正误差要求参考 GB/T 15968—2008《遥感影像平面图制图规范》。

（9）数字化成图

对纠正后的遥感图，进行数字化即编绘数字线划图（DLG），成图比例尺即为要求比例尺，精度达到相应比例尺要求。提取距离管道中心线两侧各200米范围内道路、水系、建筑物、土地使用/植被、铁路、区划、应急、公用设施线路与外部管道（包括地下电力电缆、污水管道、自来水管道、地下电话电缆、光纤、电视电缆、高架电力线路、高架电话线、光纤、外部输油管道、外部输气管道、索道、实体墙、其他）要素。

提取距离管道中心线200m以外的主要道路、水系、面状居民地、风险建筑（医院、学校、加油（气）站、油库、化工厂等）、铁路、区划、应急设施（公安局、消防队、医院、政府部门等）等要素，其他要素可全部从小比例尺地图提取并按所需地图要求进行编码转换。

现场属性调查成果及甲方提供的属性信息成果要录入到矢量成果中（现场属性调查详见第三章：属性调查）。

管道控制点、管道桩、中心线测量、管道设施成果等要按格式要求整理后生成专题图层放入矢量成果库。要求成果格式为 GeoDatabase 格式。

（10）遥感影像投影变换

1）正射影像（DOM）数据转换：利用收集到的各种坐标系转换参数，将遥感影像由初始坐标系转换为所需要的坐标系。

2）矢量数据投影变换：利用收集到的各种坐标系转换参数，将各比例尺矢量数据由初始坐标系转换为所需要的坐标系。

（11）精度要求

平面精度执行 GB/T 17278—2009《数字地形图产品基本要求》中对各比例尺地形图平面位置精度规定，像控点高程精度在平原和山区按照规定执行。

七、管道资料数字化

管道在长期的施工、运营、维护及管理过程中形成了大量的数据资料，包括竣工资料、运行记录、检测记录、维修抢修记录、验收记录，等等。这些资料由于形成的年代不同，因此在形式、格式、内容及要求等方面存在一定差异且为非数字化资料。为达到统一入库、方便管理使用的目的，必须对这些历史资料进行统一整理及数字化处理。

1. 管道完整性资料数字化工作流程

基于管道完整性资料数字化的内容和一般工作形式，其基本流程如下（见图2-8）：

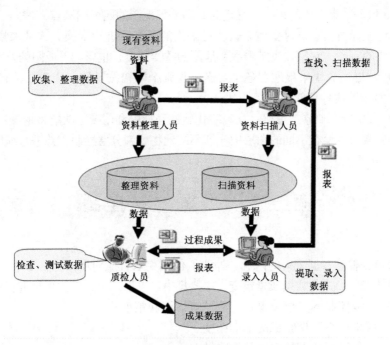

图2-8　管道完整性资料数字化作业流程图

1）资料收集，将存档的各种资料进行收集，保证资料齐全完整；

2）资料整理，对收集到的资料按照规定的分类要求进行归类，并登记造册；

3）数字化处理，根据信息管理系统对资料的相应要求，对各类资料进行数字化处理，包括图形资料数字化和文字档案资料数字化，保证经过数字化处理的各种资料能够顺利录入系统数据库。

2. 管道完整性资料数字化主要内容

从资料的记录形式来看，管道完整性资料的记录表达方式主要为三种：文字、图表和地图。对于前两种形式来说，数字化的工作相对简单，本教程主要介绍纸质地图数字化的内容及技术手段。

随着地理信息系统、机助制图、数字地图的发展，数字化地图数据的作用日益重要，纸质地图数字化工作也摆脱了传统的模式。利用自动化和半自动化的数据采集编辑系统可以进行大量的数字化生产。数字化的生产流程主要包括数据采集、图形编辑、存储。其中数据采集是通过扫描仪结合相应的采集软件，把地图上的所有要素以数据的形式记录下来，并按照国家标准给予编码。

1）数据采集工作的第一步是定向，即采集地图的四个图廓点，按四个图廓点的理论坐标值，求仿射变换系数，对采集的所有点进行变换。这是采集工作中最重要的一步，它直接决定着数字地图的数学精度，也影响着成图的效率。

2）分层、分块采集地图各个要素，把整个图幅按道路、街道、河流、境界、计曲线等线性要素分成若干块。

3）分层绘制要素，编码。在数字化软件环境中利用图层功能将地图中的不同地物要素符号绘在不同的图层中，即不同地物要素分层绘制，并进行编码。

第五节　数据质量控制

管道完整性数据采集的内业、外业工作结束后，应对所形成的数据资料进行必要的校验。进行数据质量检查，主要集中对以下几个方面的指标进行审核：

1）首级控制网点位设置及观测计算方法和精度；

2）各坐标系卫星影像的配准精度；

3）矢量地理数据的内容及正确性；

4）外业测量成果的精度及刺点情况；

5）标志桩埋设情况；

6）属性调查的完整性、正确性；

7）所需比例尺影像图、线划图整饰及精度；

8）对地形图、影像图数据格式的校验，包括数据格式、拓扑关系、图层

管
道
完
整
性
数
据
管
理
技
术

划分、地类代码等；

9）对管线调查数据及其属性的校验，包括属性信息、连线关系等；

10）对沿线属性调查信息的校验，包括属性的连续性、一致性和完整性等；

11）对数字化管道专职人员、组织机构、数据采集设备进行检查；

12）对审核后的数字化管道数据现场纸质填写记录进行检查；

13）对已填报数字化管道设施坐标数据进行复核并检查数据采集、填报的及时性；

14）对数字化管道采集的照片、属性信息数据进行复核检查；

15）对数字化管道穿（跨）越地下设施障碍物处的数据重点进行复核检查；

16）对"三桩"、"三穿工程"记录数据重点进行复核检查；

17）对站场、阀室、通信光缆等记录数据进行复核。

应始终把质量放在首位，形成一套针对管道属性数据质量管理的完善的数据质量管理体系。其中，内外业质量检查主要包括以下几部分内容：

第一，监理单位进行监理和质量监督检查。监理规划和监理细则中的有关规定，是监理单位对施工承包商管道完整性数据采集和资料数字化工作进行监理的基本依据，其监理工作的内容和范围应随着管道完整性数据采集和资料数字化建设的逐步完善而有所拓展。监理单位应具有专职数字化人员，持证上岗。在测量开始前，和施工过程中，区段监理应对施工单位相关仪器的校核情况进行检查，保证相关仪器能达到数字化要求。施工承包商有关管道完整性数据采集和资料数字化、填写及汇总过程应纳入区段专业监理工程师或监理员的工作范围，对每日施工承包商上传的数据进行审核，根据数据正确性确认其通过或者打回。在测量开始前，和施工过程中，区段监理应根据需要，监理部按一定比例进行数据抽查，并保存抽查记录。发现问题，要责令相关单位及时整改。发现不据实填报数据的，监理部应责令整改并对事故单位进行通报。如事后发现已经上传的数据出错，专业监理工程师应找出数据错误码原因，责令施工承包商改正错误；错误改正后，承包商重新上报，由监理进行确认。

第二，建立检查和验收制度。一般而言，应该建立质量三级检查和一级验收制度，在质检时从录入扫描数据的正确性、完整性、录入各要求间的拓扑关系等方面检查。正确性：图形各要素的表示方法是否合理，满足规范要求；录入的属性数据是否正确无误。完整性：属性数据的关联关系是否正确，信息是否完整录入。拓扑性：经拓扑处理后的数据是否满足 GIS 的数据标准。

一级质检：作业人员按照项目要求对自己所做的成果、半成果进行自查。二级质检：项目进行过程中分组的项目组长或者技术人员不定时对各个属性表进行抽查。三级检查：所有数据完成在提交甲方前，组织项目骨干成立数据检查校验组，对完成的数据进行整体全面检查。三级质量检查制度如图 2-9 所示。

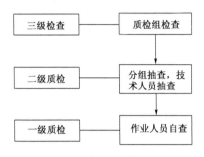

图 2-9　三级质量检查制度

第三，作业人员的经济效益不但与作业数量，而且与作业质量挂钩。

第四，使用先进的技术、设备提升工程质量。尽可能采用先进的技术、方法、设备。如编制专门的数据质量检查程序，提高数据检查的速度和准确度，以降低人工错误率。

第五，明确"质量"责任，提高作业人员质量意识，促进质量的提高。产品质量主要靠作业人员做出来，不是靠检查员查出来的。在开工后由质检部对首件产品（半成品）进行抽查，发现作业中的问题及时处理。

第六，建立质量跟踪档案，对成果质量终身负责。对重大技术问题由专人不定期同甲方技术人员交流，不断满足顾客的要求。

第七，配备专业技术熟练、素质高的作业员到项目作业组，并对其进行岗前技术培训，培训合格者方可上岗，以保证整体作业队伍的技术水平，为高标准、高质量完成整个工程奠定基础。

第六节　数据校正与入库

数据通过质量控制和检查后，还需要通过数据维护系统的检验方可输入数据库中。

一、数据校验

基于管道完整性管理系统包含的"油气管道完整性管理数据维护系统"可以以地理信息技术为手段对在线点、在线线、主域等进行校验。

1. 管线自相交校验

管线相交检查主要用来检查管道中心线的正确性，在绘制管道时，管道的中心线由控制点的里程排列后生成，在这里我们通过检测管道控制点的准确性来防止管道自相交。

2. 在线线校验

在线线是一种首尾相连的有向线段，每一条线段的起点都应大于或等于前一条线段的终点。每一条线段的终点应该大于起点。没有起点或是终点的线段是错误的。同时，起点里程和终点里程都必须在站列长度范围内。

3. 域值匹配校验

管道属性表中的各种属性信息录入时，需要根据数据模型中已经定义好的主域来进行，数据表中每一个可选的属性值必须存在一个与之相对应的代码，为防止管道属性表都与主域不对应，必须将录入的每一字段内的数据与域值进行比较。

4. 在线点校验

在线点是一种有顺序点，每一个点在中心线上都有一个对应的位置，这个位置使用里程来确定，没有里程的点是无意义的。同时，中心线以及站列是有长度范围的，任何大于中心线长度和对应站列长度的点，数据库都认为其是错误的。

5. 设备位置校验

为防止数据在类型和逻辑上正确而在现实中是错误的现象，需要进行在线设备的位置校验，这主要是现实中管道的同一位置只能存在一个类型、型号、规格相同的设备。

二、数据录入程序

根据管道完整性管理系统的要求和数据特点，围绕数据的收集整理、录入、检查，必须按照适合实际情况且方便高效的作业流程进行数据录入。

首先录入人员要分析需要录入的数据表，理解表中每个字段的具体含义，明确每个字段需要录入的内容。查阅资料，将资料分门别类存放，对于个别属于几个表共用的资料建立公共文件夹，对于个别使用频率较高的表可以整理成最方便的使用格式存放。

在录入数据表时，录入人员必须查看管道完整性管理数据库结构报告，其中列出了所有需要填写的字段、数据类型和主域，录入时按照报告里的数据格式录入。数据格式参见本书第二章中有关表的结构。

1. 填写 Excel 数据表

1）将数据报告中需要填写的表头（字段名称）填写到 Excel 中的 Sheet1 表中第一行。这将作为以后录入数据的列名称。

2）表头必须和完整性数据库格式一致，必须由英文字符构成，表头字母中间不允许出现空格或其他字符，并且每一个电子表格只允许出现一个表头。

3）查找、翻阅资料填写到相应的 Excel 表中，这个阶段主要是填写资料表格，将相应的数据填写到 Excel 中，主要依靠对长输管道的了解和对数据库结构的了解来从资料描述中提取有关信息。

4）所有里程的字段必须是双精度型，以米作为单位，并保留两位小数。

5）判断每一个字段是需要填写主域代码还是直接填写属性值，根据每个字段类型进行判别，字段类型是整型的字段，一般需要填写主域代码，参见本规范的"数据表的数据类型"部分；也可以查询完整性数据字典，里面记录了每个字段是否存在主域。

6）所有的主域必须在得到检查，并保证其值在主域范围内。如在 Excel 表中找不到需要添加的主域，则需要对数据库的主域进行添加，录入人员需要上报新的主域名称，由专人进行新主域代码的添加（新主域代码添加，只需要将新的主域加入数据库，同时主域代码号 +1）。

7）填写的数据，必须使用对应的数据类型，字段的数据类型参见本文的"数据表的数据类型"部分，数据类型的分类请参见本文中"录入的数据类型"部分。最终形成的数据采集模版如图 2 - 10 所示。

2. 导入完成的 Excel 数据表

利用"管道完整性数据录入系统"可以连接原始数据和数据库，能够将管线相关的矢量数据、属性数据，通过人工录入的方式，形成满足完整性数据库的数据源（图 2 - 11）；并可以以地理信息技术为手段进行数据可视化快速校验。

G	H	I	J	K	L	M	N	O
比例尺	起始里程 (m)	结束里程 (m)	防腐层状态	防腐层材料	防腐层制造厂商	防腐层安装地点	备注	检漏电压 (V)
DATARESOLUTION	BEGINSTATION	ENDSTATION	COATINGCONDITION	COATINGMATERIAL	COATINGMILL	COATINGSOURCE	REMARKS	TESTVOLTAGE
	23531	23831	很好	三层 PE	鸡钢管厂	工厂预制		25000
	23831	24100		聚乙烯胶粘带	鸡钢管厂	工厂预制		25000
	24100	25000	很好	液态环氧＋热收缩套 / 带	鸡钢管厂	工厂预制		25000
	25000	26000		泡沫夹克防腐层 溶剂型液态环氧	鸡钢管厂	工厂预制		25000
	26000	27000		三层 PE	鸡钢管厂	工厂预制		25000
	27000	28000		三层 PE 加强级 煤焦油瓷漆加强级	鸡钢管厂	工厂预制		25000
	28000	29000	少量破损	其他	鸡钢管厂	工厂预制		25000
	29000	30000	少量破损	三层 PE	宝鸡钢管厂	工厂预制		25000
	30000	31000	很好	三层 PE	宝鸡钢管厂	工厂预制		25000
	31000	32000	大规模破损	三层 PE	宝鸡钢管厂	工厂预制		25000
	32000	33000	很好	三层 PE	宝鸡钢管厂	工厂预制		25000
	33000	34000	很好	三层 PE	宝鸡钢管厂	工厂预制		25000
	34000	35000	很好	三层 PE	宝鸡钢管厂	工厂预制		25000
	35000	36000	很好	三层 PE	宝鸡钢管厂	工厂预制		25000
	36000	37000	很好	三层 PE	宝鸡钢管厂	工厂预制		25000

图 2-10　数据采集模版

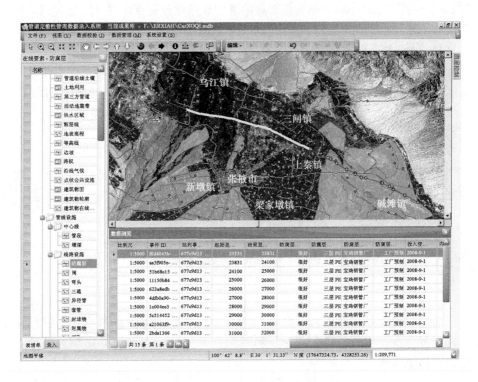

图 2-11　数据录入系统界面

利用"管道完整性数据录入系统"可以完成管道成果数据由 Excel 数据表到数据库的转换。"管道完整性数据录入系统"有关功能具体如下：

1）矢量数据录入。

2）GeoDatabase 格式数据的导入，系统提供数据导入接口，实现 GeoDatabase 格式导入。由录入的属性数据动态生成矢量数据，系统提供数据录入界面，实现数据的逐条录入，在数据录入基础上动态生成矢量数据。

3）属性数据录入。

4）Access 数据导入，系统提供数据导入接口，实现 mdb 格式数据导入。

3. 生成中心线

所有在线点、在线线都依附于管道中心线。管道中心线也是在线点、在线线数据校验的基础。

1）生成控制点。

2）启动"管道完整性数据录入系统"，新建数据库，利用"工具"菜单中"生成控制点"工具将 mdb 格式控制点信息生成矢量控制点，可以明显看到站列的大致走向。注意：在生成控制点时以站列（StationSeriesEventID）作为分组。

3）生成中心线。

4）在已经生成控制点的基础上，可以用"工具"菜单中"生成中心线"工具生成中心线。所有的在线点、在线线可以在管道中心线的基础上生成矢量图形。

三、数据入库

数据校验完整后，可以利用管道完整性管理数据录入系统将数据导入到数据库中。

第七节　站场数据采集

站场信息管理是管道完整性管理的一个重要组成部分。考虑到站场信息管理的复杂性，本节简略介绍站场属性数据采集的内容和国外站场完整性方法以及数据需求。

一、站场属性数据采集

站场数据采集多数是基于管道站场竣工资料的数字化整理（设备数据、

管线数据及其他专业数据）。根据站场竣工测量的有关规范，站场空间数据主要是测量站场建筑物及站场内外露天装置的地理位置。而站场属性数据需要更加详细的属性采集，主要内容见图 2-12。

序号	设备信息		失效信息		故障信息	
	设备位号	设备类型	失效模式	失效原因	故障停机时间（h）	维修时间（h）
1	根据"设备清单"填写	离心式压缩机	仪表读数异常			
			设备损坏			
			输出不稳			
			工艺介质外泄			
			效用介质外泄			
			不能正常启动			
			不能正常停机			
			输出高			
			内部泄漏			
			输出低			
			超温			
			假信号停机			
			振动超标			
			其他			
2		往复式压缩机	仪表读数异常			
			设备损坏			
			工艺介质外泄			
			效用介质外泄			
			不能正常启动			
			不能正常停机			
			输出低			
			异常噪声			
			超温			
			操作参数异常			
			假信号停机			
			振动超标			
			其他			
3		离心泵	工艺介质外泄			
			设备损坏			
			不能正常启动			
			假信号停机			
			振动超标			
			输出低			
			其他			
4		往复泵	设备损坏			
			效用介质外泄			
			不能正常启动			
			输出低			
			其他			

图 2-12　站场数据属性采集列表

竣工资料的录入内容如下：

1）设备设计信息，包括设备位号、设备型号、材质、压力等级、设计压力、设计温度等。

2) 设备及管线安装信息，包括：设备位号、设备编号、材质、生产日期、生产厂商、设备型号、尺寸、重量、设备说明书、合格证编号、防腐类型、防腐材料、防腐等级、WPS 编号（焊接工艺编号）、试压日期、试验压力、施工日期、中心坐标 X、中心坐标 Y、中心坐标 Z、施工单位、变更信息等。

二、站场完整性方法简介

站场完整性是指站场区域和设备在物理上是没有缺陷的，通过物理上的完整来实现功能的完整。但现实情况是站场中设备众多，特性各异。完全套用管道本体的完整性管理体系是不现实的。但这并不说明站场的完整性是无章可循的。国际上在站场完整性方面得到普遍认可的研究主要分两个方面：站场区域完整性管理（QRA）和站场设备完整性管理（AIM）。主要采用的方法是：基于风险的检验（RBI）、以可靠性为中心的维护（RCM）、安全完整性等级（SIL）。以下从数据需求方面介绍这几种方法。

1. RBI 方法

RBI 是一种科学的、系统的基于风险的评价方法。通过 RBI，我们可以知道，检验什么，什么时候检验，如何检验的问题。

在实现 RBI 的过程中，需要一个项目团队负责，这个团队主要由以下人员组成：

1) 团队负责人；

2) 操作运行和维修维护人员；

3) 材料和腐蚀工程师；

4) 检验和检验计划工程师；

5) 工艺工程师。

一般，RBI 的工作流程如图 2-13 所示。

RBI 需要收集的数据资料如下，具体数据收集格式如表 2-14 所示：

1) 管道仪表图（PID 图）；

2) 工艺流程图（PFD 图）；

3) 操作数据/物流组成；

4) 设备/管线设计数据及图册；

5) 工艺说明及操作手册；

6) 检验历史及腐蚀速率；

7) 设备维修更换记录。

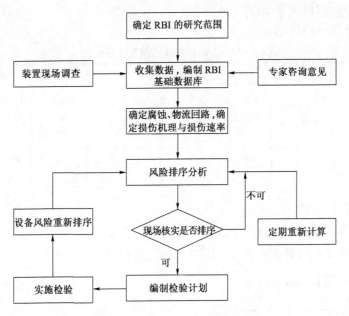

图 2-13　RBI 方法工作流程图

表 2-14　RBI 数据收集格式表

序号	编　号						
	设备编号	设备类型	生产装置	投用日期	工艺单元	设备名称	物流回路
N/A	需要	需要	需要	需要	—	—	—
格式	文本	文本	文本	年/月/日	列表	文本	列表
1	举例 6-HC-13-050 3	管道-6	原油	1983-11-9	原油 13	低硫原油到 X-30-T	原油第一物流

AST-RBI（储罐 RBI）分析需要收集的资料如下，具体数据收集格式如表 2-15 所示：

1）带有物流和物料平衡的工艺流程图（PFD 图）；

2）管道仪表图（PID 图）；

3）API 650 标准储罐数据表；

4）储罐检验历史/记录；

5）任何已执行的维修信息（维修原因）；

6）储罐建造图纸；

7）详细的本地土壤结构；

8）书面的过程描述；

9）易于使用的记录。

表 2 - 15　AST - RBI 数据收集格式表

储罐识别号	壁 板 外 侧								壁板内侧
	腐蚀速率的检测可信度	测量的腐蚀速率	首次外部涂层检验日期	首次检验有效性	第二次外部涂层检验日期	第二次检验有效性	第三次外部涂层检验日期	第三次检验有效性	腐蚀速率的检测可信度
文本	文本	mpy	年/月/日	文本	年/月/日	文本	年/月/日	文本	文本
TK - 01	高	—	1981 - 11 - 9	有效	1982 - 11 - 9	有效	1983 - 11 - 9	有效	高可信度

2. RCM 方法

RCM 是一种系统的基于风险的维修方法，其目的在于产生最优化的维修策略并确保工厂可靠度的提升。RCM 的流程图如图 2 - 14 所示。

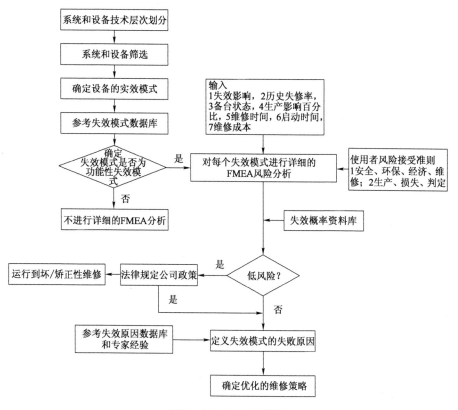

图 2 - 14　RCM 流程图

采用 RCM 方法需要收集如下资料：

1）装置概述及其生产能力；

2）工艺描述；

3）管道仪表图（PID 图）；

4）工艺流程图（PFD 图）；

5）原因和后果图；

6）泵、压缩机、燃气轮机、过滤器、换热器等设备资料；

7）相关维护文件；

8）主要设备历史失效与维修记录。

其搜集整理表格如表 2-16 所示。

表 2-16 RCM 数据收集整理表格

泵														
					主要结构特征								输入功率（kW）	操作参数
序号	位号	名称	数量	型号规格	主要机器类型（离心式/交互式/涡轮式/螺旋式等）	放置方法（水平或竖直）	轴承钢类型（滚动/滑动）	连接阀类型	润滑方法（油/油脂）压力、滚动、浸入	冲洗（是/否）（其他媒介/泵中）	冷却水轴承（是/否）	介质		压力（进/出）（MPa）

3. SIL 方法

SIL 确定的是与安全仪表系统相关的完全仪表功能的安全完整性等级要求。SIL 是离散的，可进行分级表示。

SIL 是安全仪表功能（SIF）所需可靠性的表征，具体如下（表 2-17）：

1）按照安全仪表功能所保护的风险水平决定所需的 SIL 值；

2）等级为 1 到 4；

3）高 SIL 等级意味着需要高可靠性，即反应失效概率 PFD 低。

表 2-17 SIF 可靠性表征

安全完整性等级	要求的失效概率
4	10^{-5}（包括等于）~10^{-4}
3	10^{-4}（包括等于）~10^{-3}
2	10^{-3}（包括等于）~10^{-2}
1	10^{-2}（包括等于）~10^{-1}

SIL 的流程可以大致描述为：进行安全仪表系统的辨识；辨识安全功能；辨识安全功能的保护作用；辨识工艺偏差；辨识不同情况的原因及后果；确认每一安全功能的 SIL 等级。针对每一安全功能进行执行分析，确认是否达到所需的 SIL 等级。

在用 SIL 进行分析时也需要收集大量的资料：

1）管道仪表图（PID 图）；

2）工艺流程图（PFD 图）；

3）装置平面布置图；

4）装置工艺说明或介绍；

5）装置操作手册；

6）电气/电子/可编程电子系统清单；

7）原因和后果图；

8）失效分析或专门分析报告（若有）；

9）QRA 报告、安全报告、HAZOP 报告（若有）。

其搜集整理结果如表 2－18 所示。

表 2－18　SIL 数据收集整理表格

系统/子系统	受保护设备	功能	保护										
			类型	触发器			PLC			执行元件			
				设备编号	类型	逻辑	设备编号	类型	逻辑	设备编号	类型	逻辑	动作

小　　结

数据采集是管道完整性管理的第一步工作，本章详述了数据采集在管道完整性管理过程中的重要性，重点介绍了管道历史数据的恢复内容、方法，明确了管道建设期和运行期应采的数据内容。

数据采集涵盖了多项专业领域知识，除了管道专业知识外还涉及包括测量学、地图学、地理信息、数据库等方面的知识。目前，国内还没有专门针对管道行业的数据采集标准，国际上由于各管道运营公司管理方式、管道特点各不相同，一般都是作为企业核心机密而建立的针对自己管道特点的数据采集内容、方法、标准。本章所述的内容，以管道行业数据采集为核心，融合了当前的测量技术、影像处理技术，以及地理信息二次开发技术。在技术上保障了数据采集方法的先进性和可靠性。

第三章 管道完整性数据库建设与维护

　　数据是实现系统信息化管理的基石，无论何种行业的应用，离开了数据都是无源之水，无本之木。对于管道完整性管理来说，目前大量关键的管道完整性与设备数据以各种各样的方式存在，例如，小型或个人数据库、管理记录和文档保存数据，形成了"信息化孤岛"。同时，由于缺乏甚至没有数据共享机制和共享技术，因而没能得到推广，同一管道公司的各个部门经常对同一项数据重复录入，造成工作效率低下并引入了更多的错误。这就需要一种工具将这些数据整合起来进行统一管理，企业数据库正好就是能满足这一需求的工具。数据库是依照某种数据模型组织并存放在二级存储器中的数据集合。这种数据集合具有如下特点：尽可能不重复，以最优方式为某个特定组织提供多种应用服务，其数据结构独立于使用它的应用程序，对数据的增、删、改和检索由统一软件进行管理和控制。

　　本章从管道完整性数据模型的发展及中国石油管道完整性数据模型着手，论述管道完整性数据库的总体设计及其数据库建设方法等。

第一节 数据库模型

一、数据库技术的发展

　　计算机技术中存储技术和检索技术的飞速发展，为数据库技术的进步提供了物质基础。数据库技术最重要的作用就是处理数据，这需要把大量的数据存储在存储器中，因此，存储器的类型、容量和速度直接影响着数据库技术的发展。早期的计算机系统使用80列卡片存储数据，卡片列含穿孔，表示单个字符。每张卡片最多容纳80个字符。穿孔机操作员将数据和程序代码输入到卡片上。后来，计算机系统将数据存储在磁带上。磁盘的生产是从1956

年开始的，当时的容量只有 5MB，而到 2009 年，磁盘的容量已经达到了 TB 级。

从信息需求来看，计算机应用范围的不断扩大和计算需求的不断增长也推动着数据库技术的发展。最早的数据库技术仅仅应用于科学计算，侧重于提高计算速度和精度，数据量相对比较少。随着信息技术的发展，计算机的应用范围越来越广泛，从科学计算发展到了行政管理和技术控制，信息需求的增多，需要处理的数据量也随之大幅度增加。因此，这时的数据库技术侧重于收集、传送、处理和使用这些数据，数据库技术要保证数据处理的及时性和准确性。在早期，一个企业每个季度或者每个月进行一次销售统计、财务报表统计，但现在，企业需要逐日进行销售统计、财务分析。

目前，信息已经像资金、设备、物料、人力一样成为企业不可缺少的重要资源。企业管理的目的就是对企业资源的优化配置及充分发挥资源的作用。为了充分发挥信息资源的作用，需要利用先进的技术和方法来存储、检索和使用各种信息。在计算机应用的早期，许多企业仅仅满足于系统显示当前活动的信息，因为使用这些信息就可以管理日常业务。但是，随着全球化的发展和市场竞争的激烈，企业不仅需要日常运营信息，而且需要利用这些信息咨询进行分析和制定战略。数据分析的需求越来越强，客观上就需要存储容量大、检索方便快捷、使用灵活的数据库技术提供信息资源的分析能力。

在计算机技术开始出现之前，许多企业通过手工记录文件来管理各种数据。例如，会计人员手工进行成本核算、制作财务报表等。当然，手工管理数据文件的效率是非常低的。

计算机出现的初期，主要用于科学计算。从计算机的硬件技术来看，除了内存之外，出现了称为第二存储器的外存储器，如磁盘，软件领域则逐步出现了操作系统和高级程序设计语言。操作系统中的文件系统是专门管理外存储器上数据的管理软件。应用程序的开发是独立的，没有一个统一的规划，例如，企业中每个职能领域都会开发一些完全独立于其他职能领域的系统。财务、生产、营销和人事等业务部门都开发出各自的应用程序，都拥有自己的数据文件。这种采用多个文件来存储和管理数据的方式称为面向文件的数据管理方式，简称为文件管理方式。从数据库技术发展的阶段来讲，该阶段是文件管理阶段。在传统的文件管理阶段，每个应用都需要自己的数据文件和应用程序。例如，人事部门需要一个雇员清单文件、一个工资文件、一个津贴文件、一个医疗保险文件、一个邮件列表文件等。销售部门则需要一个销售人员清单文件、一个产品名称文件、一个销售统计文件等。这些文件可以有很多，但文件之间都是独立的，同一种数据可能存储在多个不同的数据文件中。

随着数据量的剧增，数据管理阶段存在的许多问题越来越突出。这些问题主要包括：

1）数据冗余性（data redundancy）：是指同一个信息在多个数据文件中同时出现。当多个不同的部门独立采集同一种信息时，就发生了这种冗余性。

2）数据不一致性（data inconsistency）：是指由于同一种信息数据在多处采集和维护，有可能造成同一种信息有不同的数据表示。

3）数据联系弱（data poor relationship）：是指不同的数据文件之间相互独立，缺乏联系特性。虽然某些数据之间存在紧密的联系，但是由于实现的复杂性，很少在系统中提供数据之间的紧密联系。

4）数据安全性差（data poor security）：是指对数据的管理和控制比较少，数据文件很容易被非法用户使用和操作。

5）缺乏灵活性（lack of flexibility）：是指在特定领域中的应用程序编写完毕之后，如果需要增加各种特殊查询的报表，那么这些修改将非常困难，因为这些数据文件和应用程序的修改需要耗费大量的时间、人力和财力。

传统的文件管理存在的许多问题终于在 20 世纪 60 年代末得到了解决。这时，从计算机硬件技术来看，出现了具有数百兆字节容量、价格低廉的磁盘。从软件技术来看，操作系统已经开始成熟，程序设计语言的功能也更加强大，操作和使用更加方便。这些硬件和软件技术为数据库技术的发展提供了良好的物质基础。从现实需求来看，数据量急剧增加，对数据的管理和分析需求力度加大。1970 年，数据库专家 E. F. Codd 连续发表论文，提出了关系模型，奠定了关系型数据库管理系统的基础。这时，数据管理进入到了一个新的阶段，这种面向数据库系统的数据管理阶段称为数据库管理系统阶段。数据库管理系统克服了传统的文件管理方式的缺陷，提高了数据的一致性、完整性并减少了数据冗余。与传统的文件管理阶段相比，现代的数据库管理系统阶段具有如下特点：

1）使用复杂的数据模型表示结构。在这种系统中，数据模型不仅描述数据本身的特征，而且还要描述数据之间的联系。这种联系通过存取路径来实现。通过所有存取路径表示自然的数据联系是数据库系统与传统文件系统之间的本质区别。这样，所要管理的数据不再面向特定的某个或某些应用，而是面向整个应用系统，从而极大地降低了数据冗余性，实现了数据共享。

2）具有很高的数据独立性。数据的逻辑结构与实际存储的物理结构之间的差别比较大。用户可以使用简单的逻辑结构来操作数据，而无需考虑数据的物理结构，该操作方式依靠数据库系统的中间转换。在物理结构改变时，尽量不影响数据的逻辑结构和应用程序。这时，就认为数据达到了物理数据的独立性。

3）为用户提供了方便的接口。在该数据库系统中，用户可以非常方便地使用查询语言，例如通过 SQL（structured query language，结构化查询语言）或实用程序命令来操作数据库中的数据，也可以以编程的方式（如在高级程序设计语言中嵌入查询语言）操作数据库。

4）提供了完整的数据控制功能。这些功能包括并发性、完整性、可恢复性、安全性和审计性。并发性是允许多个用户或应用程序同时操纵数据库中的数据，而数据库依然保证为这些用户或应用程序提供正确的数据；完整性是指始终包含正确的数据，例如，通过定义完整性的规则使数据值可以限制在指定的范围内；可恢复性是指在数据库遭到破坏之后，系统有能力把数据库恢复到最近某个时刻的正确状态；安全性是指只有指定的用户才能使用数据库中的数据和执行允许的操作；审计性是指系统可以自动记录所有对数据库系统和数据的操作，以便跟踪和审计数据库系统的所有操作。

5）提高了系统的灵活性。对数据库中数据的操作既可以以记录为单位，也可以以记录中的数据项为单位。例如，在 SQL 语言中，可以使用 SELECT 语句指定记录或记录中的数据项。

从数据库技术的发展过程和演变趋势来看，数据库系统本身也在不断发展，从最初的层次数据库系统、网状数据库系统，不断向关系型数据库系统、关系对象数据库系统、对象数据库系统等类型发展和演变。

二、数据库模型概述

模型是一种描述客观现实的抽象技术。数据模型（data model）是描述数据如何表示、如何访问的抽象模型，常用来定义特定领域的数据元素和数据元素之间的关系。在程序设计语言中，数据模型也常常称为数据结构。在数据库领域中建立的数据模型称为数据库模型。数据库模型（database model）是描述数据库结构和使用的方法与技术。

针对同一种客观对象，可以根据需要采用不同的描述方式。从这种意义上来看，数据模型又可以分为概念模式、逻辑模式和物理模式 3 种层次。概念模式用于描述客观对象所属领域的范围和应用的语义方式；逻辑模式是基于某种数据处理技术对客观对象的语义描述，例如，描述表和列的结构关系、描述对象类和类的关系、描述 XML 文档等；物理模式则是描述数据具体存储的物理位置和方式。数据模型由于其内容众多，且不作为本书重点，所以在本书中只作简要介绍。下面对概念数据模型、逻辑数据模型、物理数据模型分别进行简要介绍。

1）概念数据模型（Conceptual Data Model）：是面向数据库用户的实现世界的数据模型，主要用来描述世界的概念化结构，它使数据库的设计人员在设计的初始阶段，摆脱计算机系统及 DBMS 的具体技术问题，集中精力分析数据以及数据之间的联系等，与具体的 DBMS 无关。概念数据模型必须换成逻辑数据模型，才能在 DBMS 中实现。

2）逻辑数据模型（Logixal Data Model）：是用户从数据库所看到的数据模型，是具体的 DBMS 所支持的数据模型，如网状数据模型、层次数据模型，等等。此模型既要面向用户，又要面向系统。

3）物理数据模型（Physical Data Model）：是描述数据在储存介质上的组织结构的数据模型，它不但与具体的 DBMS 有关，而且还与操作系统和硬件有关。每一种逻辑数据模型在实现时都有其对应的物理数据模型。DBMS 为了保证其独立性与可移植性，大部分物理数据模型的实现工作由系统自动完成，而设计者只设计索引、聚集等特殊结构。

一般而言，数据模型是严格定义的一组概念的集合，这些概念精确地描述了系统的静态特征（数据结构）、动态特征（数据操作）和完整性约束条件，这就是数据模型的三要素。

1）数据结构：是所研究的对象类型的集合。这些对象是数据库的组成成分，数据结构指对象和对象间联系的表达和实现，是对系统静态特征的描述，包括两个方面的内容：

①数据本身：类型、内容、性质，例如，关系模型中的域、属性、关系等。

②数据之间的联系：数据之间是如何相互关联的，例如，关系模型中的主码、外码联系等。

2）数据操作：对数据库中对象的实例允许执行的操作集合，主要指检索和更新（插入、删除、修改）两类操作。数据模型必须定义这些操作的确切含义、操作符号、操作规则（如优先级）以及实现操作的语言。数据操作是对系统动态特性的描述。

3）数据完整性约束：是一组完整性规则的集合，规定数据库状态及状态变化所应满足的条件，以保证数据的正确性、有效性和相容性。

第二节　管道完整性数据模型

如何组织完整性数据信息，并借助数据库系统加以实现，是完整性管理需要面对的一个重要技术问题。为此，必须建立管道完整性管理数据模型。数据模型确定了数据信息的存储方式、数据间的关联，以及数据管理理念。管道完整性数据模型的完整性和精确性直接反映出管道完整性管理的范围和水平。

一、管道数据模型发展现状

当前国外用于油气管道的数据模型有四种：PODS（Pipeline Open Data Standard），APDM（ArcGIS Pipeline Data Model），ISAT（Integrated Spatial Analysis Techniques），ISPDM（Industry Standard Pipeline Data Management）。其中，ISAT 和 ISPDM 是早在 20 世纪 90 年代，欧洲天然气研究院根据工业标准的关系型数据库管理系统设计形成的，目前使用最广泛的模型是 PODS 和 APDM。

1. ISAT 数据模型

ISAT 是专门面向长输管道的数据模型，是基于工业标准的关系型数据库管理系统设计而成，该模型是由 Gas Technology Institute（GTI）经过三年的努力于 1997 年发布。

2. PODS 数据模型

PODS 数据模型由 ISAT 衍生而来，其中的很多表均继承 ISAT 数据模型，其核心表都是依据拥有管道里程最长的原 Williams 天然气管道公司的实际运营经验而提出。PODS 模型最早于 2001 年发布 PODS2.0 版本，包括 70 张数据表。目前最新的版本 PODS 4.0.1 于 2007 年 5 月发布，已经扩充到包括管道设施、地理要素、内检测、阴极保护、外检测等八个部分的百余张表。

该模型克服了 ISAT 的诸多缺陷，在数据库标准化、管道检测监测、GIS 应用以及管道工业的一般业务活动之间具有衔接作用。具体而言，PODS 模型具有以下特点：

1）一个内容广泛的数据模型；

2）主要用于和管道相关的管道运营管理、完整性管理业务；

3）专门为液体和气体管道设计；

4）专门为集输、分输管线设计；

5）一个开放式的标准；

6）由管道行业的志愿者组成的技术委员会专门设计管理。

PODS 的目标是不依赖于任何 GIS 软件。在实现 PODS 数据模型时，可以使用 PODS 委员会已经发布的数据定义语言（DDL），使用该 DDL 建库将会自动应用其中内建的表之间的完整性约束，快速建立管道数据库结构。

3. APDM 数据模型

APDM（ArcGIS Pipeline Data Model），是 ESRI 公司和其他一些大型管道运营公司共同制定的一个面向管道行业应用的 GIS 数据模型，用于存储、收集和传输管道（包括气体和液体系统）相关的要素信息。

APDM 模型最早由 M. J. Harden 于 2002 年 3 月设计完成，并于次年在圣迭戈举行的 ESRI 用户大会上发布。目前 APDM 的最新版本为 4.0，于 2006 年 8 月份发布，包括 21 个核心要素类，2 个元数据表、23 个抽象类、102 张数据表。APDM 的设计基础是 ESRI 公司的 Geodatabase 空间数据库。这是一种将地理数据作为关系型数据库中的要素进行存储和管理的对象关系型框架。AP-DM 模型中的要素类主要来自于 ISAT 和 PODS 模型中所包含的表；其主要属性均可在 ISAT 和 PODS 模型的属性表中找到。地理数据库与 APDM 模型通过关系型数据库引擎连接在一起。APDM 模型不能使用标准结构化查询语言（SQL）或其他数据访问技术［如开放的数据库连接（ODBC），或微软 Ac-tiveX 数据对象（ADO）］进行访问，因为企业级 Geodatabase 提供了一些高级的应用（如域值约束和多版本机制），定制和访问存储于其中的数据的基本方法是通过 ESRI 公司的核心组件模型 ArcObjects。APDM 数据模型的主要特点如下：

1）它是一个内容广泛的数据模板，由 APDM 的技术委员会管理；

2）以管道中心线管理为核心，所包含的其他内容包括管道设施、基础地理等为用户自行选择；

3）专门为油气管道设计；

4）强大的 GIS 功能，依附于 ESRI 的油气管道数据模型，最新版本 AP-DM v4 于 2006 年 8 月份发布。

APDM 模型设计时包含了约 80% 的管道公司对管道本体及周边地质灾害管理常用标准要素，而且在制作模型库时包含了当前的热点术语，如管线检测、高后果区域、风险分析等。APDM 以模板的形式进行设计，所有用户均能以模型的核心元素为基础，通过添加要素或提炼现有要素来定制模型。

4. 数据模型对比

APDM 和 PODS 模型涵盖内容非常丰富，包括管道中心线、防腐、设施、阴极保护、基础地理、侵占、运行等常用的管道数据内容，都为管道运营商根据自己管道的特点提供了可选的需求，并且自己可以通过 UML 建模工具进行扩展。它们的相同之处可以概括为：

1）两个模型都可用于油气管道的长输管网和集输管网；

2）支持线性参考和绝对里程的方式，进行要素的定位；

3）都有强大的技术支持和管理机构，以及相应的支持软件；

4）都可以和 GIS 相结合；

5）拥有相当数量的客户群体，可以根据自己的需求通过 GIS 软件开发商来确定解决方案。

当然，作为两个相互独立的数据模型，它们各自的优势和不同之处主要体现在以下方面：

1）APDM 是一个带有一系列核心要素的模板，即是一个标准的数据库模板，用户可以根据自己的需求定制、扩展这个模板，它并不是专属于某个管道运营公司或商业机构，而是通过实施这个模板来最大限度地满足管道运营商和软件开发商的互操作性，它提供给管道运营商一个根据自己需求定制模型的机会，有利于管道运营商更好地对软件开发商解释自己的管道并提出自己的需求。

2）PODS 是一套已认证的标准表结构，它定义了大量的管道要素来描述管道。使用 PODS 表结构意味着使用 PODS 所制定的标准，它给管道运营商提供了一个选择 GIS 软件的机会。

3）PODS 描述了管道数据库中广泛的内容和结构，而 APDM 更多的是描述了当编辑这个数据库时，这些要素的行为规则。

4）APDM 建立的是一个 ESRI 的地理数据库，它拥有强大的 GIS 功能，遵循 ESRI 标准的空间参考、拓扑规则。而 PODS 是一个传统的关系型数据库管理系统，本身并没有 GIS 能力，它需要将空间参考和拓扑关系存储在数据库表中。

综上所述，PODS 是一套标准的数据库表结构，它给管道运营商提供了一个选择 GIS 软件的机会。APDM 是一个标准的数据库模板，它提供给管道运营商一个根据自己需求定制模型的机会，且 APDM 依附于 ESRI 空间数据库，是一个企业级面向对象的数据库管理系统。而 PODS 早在 2007 年初曾宣布要开发基于空间数据库的模型，但迄今为止仅仅还停留于研究阶段。

二、中国石油管道完整性数据模型 PIDM

通过对几种主要管道数据模型的对比可知：APDM 数据模型无论在面向对象的数据表达，还是在灵活性和通用性等方面都有其优势。根据我国石油管道建设的需求和特点，中国石油管道研究中心以 APDM 模型为标准模型，在建立中国石油管道完整性数据模型 PIDM 时，保留了一些管道共性要素的同时，增加了新建管道的内容，包括设计中线、设计里程桩等，还为维护数据增加了参考模式的概念，为工程图系统加入了工程图的相关内容，为管道完整性录入系统、维护系统、工程图系统提供底层的服务。

中国石油管道研究中心建立的中国石油管道完整性数据模型（PIDM），如图 3-1 所示。

1. 模型内容

模型主要包含以下 12 部分内容：

1）抽象和概念类：定义了整个模型的逻辑关系、结构关系、位置规则、继承规则，将所有的数据库表分为纯属性表和要素类，并规定了最高级抽象类，在线点、在线线、离线点、离线线与管道中心线的关系，是整个模型的基础；

2）管道中心线：定义了管道中心线是由控制点和站列组成，以及管网和子系统与管道中心线的逻辑关系，设计中线也定义在这部分；

3）设施：主要是管道的干线设施，包括阀、防腐层、套管、异径管等要素；

4）检测：主要包括管道常规的内/外检测结果和检测缺陷的分类；

5）侵占：主要包括管道占压建筑、路权、地下管网等要素；

6）运行：主要包括管道日常平均运行压力、运行温度、高后果区等要素；

7）阴极保护：定义了管道常规的阴极保护系统，包括阳极地床、牺牲阳极、恒电位仪等要素；

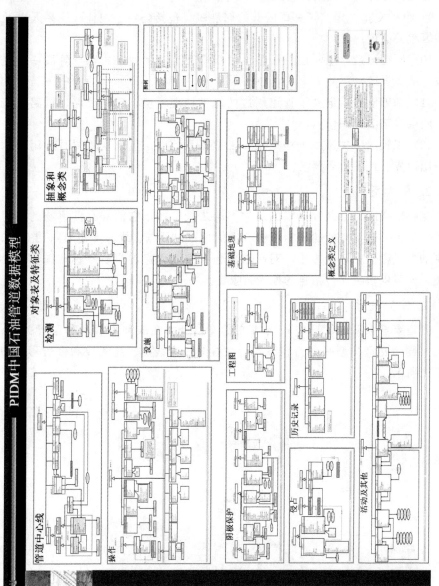

图3-1　PIDM管道数据模型

8）管道风险：定义了风险评价的相关内容，包括风险源、管段风险、失效可能性、各种成本以及社会风险、个人风险等；

9）事件支持：定义了一些闲散的属性表，包括公司、地址、联系人以及活动等相关信息；

10）历史记录：主要是用于保留由新建管道过渡到正式运行阶段一些废弃设施的历史记录；

11）基础地理：定义了管道周边的基础地理环境，包括公路、铁路、河流、断层等基础地理信息；

12）工程图：主要用于在完整性工程图系统中，生成工程图时所用到的工程图边界、地图边界要素。

2．要素类

空间数据库与普通数据库的最大不同之处就在于它能够存储事物的空间信息，这主要包括空间的坐标系和图形信息（包括点、线、多边形），并以二进制的形式存储在数据库中。对于这些包含空间信息的事物本标准统称为要素类，而只保留纯属性信息的称为对象类。

3．位置关系

管道要素根据与管道中心线的位置关系分为在线和离线两种位置关系，根据不同的要素类型又分为在线点、在线线、离线点、离线线和多边形，如图3-2所示。

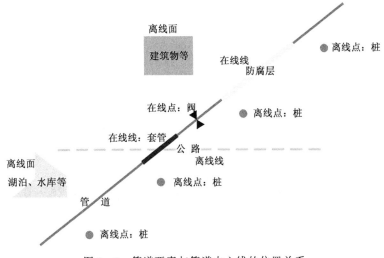

图3-2　管道要素与管道中心线的位置关系

（1）在线点要素（Online Point）

在线点要素是根据管线设备与管线的位置关系而确定的一类要素，点要素一定在管道中心线上。例如，阀、三通等。在线点要素存储于已知 M 值（可选，Z 值）的点要素类中。通过线性参考，在线点要素可以直接定位在管线上。

（2）在线线要素（Online Polyline）

在线线要素是根据管线设备与管线的位置关系而确定的一类要素，线要素一定在管道中心线上。例如，套管、防腐层等。在线线性要素存储于已知 M 值（可选，Z 值）的线要素类中，在图形形状上受管道中心线限制并与其一致。通过线性参考，在线线要素可以直接定位在管线上。

（3）离线点要素（Offline Point）

离线点要素是根据管线周边事物与管线的位置关系而确定的一类要素，点要素不在管道中心线上。例如，桩、建筑物等。离线点要素存储于已知 M 值（可选，Z 值），并偏离中心线定位的点要素类中。离线点要素需要通过 GPS 地理坐标来定位。

（4）离线线要素（Offline Polyline）

离线线要素是根据管线周边事物与管线的位置关系而确定的一类要素，管道中心线可能与其交叉或在其旁边。例如，公路、河流等。离线线性要素存储于线要素类中。离线线性要素可能与管道中心线在多个位置相交，因此一个离线的线要素可能有一个或多个在线点位置。离线线要素需要通过 GPS 地理坐标来定位。

（5）多边形要素（Offline Polygon）

多边形要素是根据管线周边事物与管线的位置关系而确定的一类要素，管道中心线可能通过离线多边形或在其旁边。例如，湖泊、操场等。离线多边形要素存储于多边形要素类中。离线多边形要素可能与中心线在多个位置相交，因此一个离线的多边形要素可能有一个或多个在线点位置。离线多边形要素需要通过 GPS 地理坐标来定位。

4. 核心要素

核心要素是 APDM 模型中的基础要素，核心要素的属性是不变的，PIDM 完全继承了 APDM 模型的核心要素。它们提供了线性参考（里程定位）机制，以把管道上的各种行为事件定义成为几何要素（点、线、多边形）的动态事件。这些核心元素是中心线维护和管道其他要素里程定位所必需的。模型中的其余部分则是可选的，并且是完全可以定制的。用户所需要做的就是确定模型中应包含或不包含什么要素，增加哪些新的要素。以下是 APDM 模型中的核心要素：

（1）控制点（Control Point）

控制点是指在管道中心线上具有已知地理位置坐标和里程值的点，包括站列要素的每个起点和终点、沿站列的变形（弯曲）点或者管线交叉点。在数据采集过程中，控制点可以是沿管线的转角桩或沿管线的 GPS 测量点，通过这些点可以在管线系统中明确描述管线的走向。控制点是点要素类。

控制点定义了管线中心线，它与站列是多对一的关联关系，在一个给定参考模式下，每一个站列要素是由两个或多个相同参考模式的控制点组成的。每一个控制点则是站列的一个拐点（包括终点）。控制点存储的里程值可以用于设置站列顶点的 M 值，用于定位所在站列的位置。

控制点的子类表示不同类型的线性参考度量系统，用于沿管线中心线进行里程定位。根据惯例，每一个控制点必须至少拥有一种控制点参考模式（以连接其他站列的站列终点为例，该控制点的里程必须有两个相同参考模式的控制点）。这种规定的原因在于不同参考模式可能不会共享具有相同度量的系统。

（2）站列（StationSeries）

在管道系统中管道中心线由站列组成，而站列由控制点依次组成。站列是通过已知 M 值（可选，Z 值）的连续的折线段描述的一段管线，它是为管理管线而引出的逻辑上的概念。其中，M 值代表里程，Z 代表高程。站列是线要素类，每个站列记录都具有起止里程值。

模型中所有在线要素都需要引用站列的参考模式。每个站列要素都是指定起始/结束里程的路径。站列要素中的每个顶点可以是一个指定里程值。沿站列路径的点和线性事件可以通过指定 StationSeriesEventID 和里程值作为要素属性来定位。线性事件必须开始和终止于同一站列（路径）。

模型中实现了站列和每个在线要素类一对多的关联关系，这种关系是模型的核心对象。每一个在线要素定位于站列上，在线要素通过关联关系被约束在它所定位的站列上。同样站列与控制点之间是一对多的关系，这种关联关系具体表达了站列是由两个或多个控制点组成的概念，并且每一个关联控制点对应于站列的拐点。图 3－3 具体描述了控制点与站列的关系。

（3）站场（Site）

站场要素类是多边形要素类，没有 M 值和 Z 值，是用来存储各种不同站场和其他地产的多边形边界。站场边界要素可能用来定义通道、地产、临时工作区和大型管线联合体（如分输站、压缩站、清管站、阀室）的边界。站场要素也可能用来划分管道里程的界限。

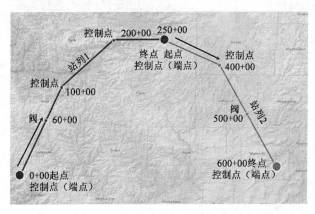

图3-3　控制点与站列的关系

站场通过 SiteEventID 实现了与所有在线要素和离线要素类的可选的一对多的关联关系。这种核心关联关系类型允许根据需要将设备要素与站场相联系。这种情况下，设备的一部分仍然可能存储在模型中并通过与站场的关联关系来获取它。

（4）管网（LineLoop）

管网是指按照管线之间的层次关系对管线进行分类、组织、管理，用于存储管线的描述性信息，例如，中国石油管网→管道公司管网→东北管网。它是以对象类的形式存在，并不包含任何图形信息。通过管网和站列的关联关系来管理管线数据，每个站列可能属于一个或多个管网对象，而一个管网对象可能是一个或多个管网的父管网。图3-4具体描述了管网与站列的逻辑关系。

（5）子系统（SubSystem）

子系统是指按照各管道公司的管辖区域、省、市地理边界等地界范围对管线进行分类、组织、管理。例如，兰州子系统、四川子系统。它是对象类，不包含任何图形信息。通过子系统的 PolygonEventID 和省、市政边界等多边形要素的关联关系以及子系统范围和站列的关联关系来管理管线数据。图3-5具体描述了子系统与站列的逻辑关系。

（6）活动（Activity）

Activity 是对象类，规范管道上的行为和受该行为影响的事件。具体来说，Activity 对象类中的行存储了影响管道上一个或多个事件或要素行为的信息。常见行为包括操作次序、检测、开挖验证。

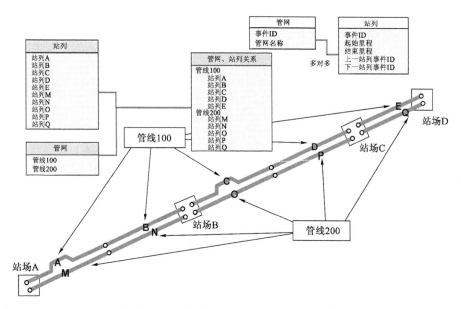

图 3 - 4　管网与站列的逻辑关系

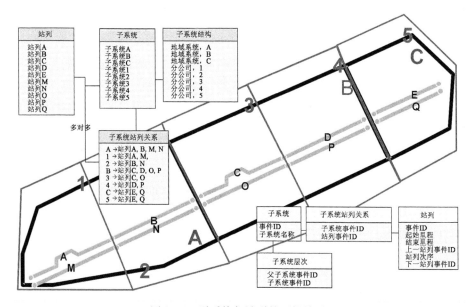

图 3 - 5　子系统与站列的逻辑关系

Activity 对象类与审计（Audit）对象类之间是一对多的关系，这种关系类型是 APDM 模型的核心关联关系。任何涉及 Activity 的对象或要素类必须实现

Audit 对象以及和 Audit 的关联关系类。这些关系模型实际表明一种行为可以有一个或多个（不同类型）受行为或参与行为的事件。

Activity 对象类与外部文档（ExternalDocument）对象类是多对多的关系，因为可能有多个文档挂接到一个管道设备上。反之，一个文档可能与多个活动相关。

（7）度量参考（AltRefMeasure）

AltRefMeasure 是对象类，用来存储所有在线要素的度量系统的里程信息。在线点要素类的里程属性以及在线线要素类的起始里程和终止里程属性仅存储了初始度量系统的里程值。AltRefMeasure 类提供了改变度量系统后存储里程值的方法，同时也适用于初始度量系统。

5. PIDM 逻辑/物理模型

PIDM 模型分为逻辑模型和物理模型两类，都是通过 UML 语言来描述的，通过需求分析抽象出现实世界的管道，并在模型中定制数据内容、属性、类型和结构关系，以建立数据库。模型一经确定，便确定了整个管道完整性数据库的存储内容、数据类型标准、逻辑关系。

（1）逻辑模型

PIDM 逻辑模型是完整性数据库结构的一种示意图，以简洁明了的形式说明数据库的复杂构造，是物理模型和数据库的设计基础。主要描述了数据库包含什么内容，以及他们之间是什么关系。逻辑模型通过 UML 描述了具有复杂关系的若干对象图，包括对象类、要素类、子类型、阈值、关联关系、抽象类以及继承关系等。

（2）物理模型

PIDM 物理模型是用 UML 工具创建的一种数据库静态结构图，它将数据库中的特征定义为 COM 对象，并在对象内封装了属性和行为。物理模型可以通过建模工具直接导出 XML 文件以创建空间数据库。

第三节　数据字典

数据字典（Data dictionary）是管道完整性管理中各类数据描述的集合，是进行详细的数据收集和数据分析所获得的主要成果。通常包括数据项、数据类型、数据解释等部分。

数据字典是一种用户可以访问的记录数据库和应用程序元数据的目录。主动数据字典是指在对数据库或应用程序结构进行修改时，其内容可以由DBMS自动更新的数据字典。被动数据字典是指修改时必须手工更新其内容的数据字典。数据字典是系统中各类数据描述的集合，是进行详细的数据收集和数据分析所获得的主要成果。

数据字典的内容一般包括：

1）数据库中所有模式对象的信息，如表、视图、簇及索引等；

2）分配多少空间，当前使用了多少空间等；

3）列的缺省值；

4）约束信息的完整性；

5）用户的名字；

6）用户及角色被授予的权限；

7）用户访问或使用的审计信息；

8）其他产生的数据库信息。

在编写管道数据字典的过程中，主要参考了国家分类编码方法，形成了一套适合管道自身特点的数据定义。

1. 作用

管道数据字典是对数据库的解释说明，包括存储了哪些表，以及字段的数据类型、长度、主域信息等，是理解数据库必不可少的资料，也是推行管道数据库的标准和依据。

2. 内容

数据字典逐一描述了数据库中每张表的信息，主要包括：

核心要素的解释说明；

表名称；

对象类型；

几何类型；

字段名称、别名、数据类型、长度、是否允许为空值；

子类型信息；

主域信息；

逻辑关系图。

3. 数据字典要素列表

管道完整性数据库设计的管道要素比较多，分类见表3-1。

表 3-1　管道完整性数据字典要素列表

编　号	对 象 名 称	
	中　文	英　文
A	**中心线**	**Centerline**
A01	控制点	ControlPoint
A02	站列	StationSeries
A03	管网	LineLoop
A04	管网层次	LineLoopHierarchy
A05	子系统	SubSystem
A06	子系统层次	SubSystemHierarchy
A07	子系统范围	SubSystemRange
A08	油/气产品	Product
A09	运营商	OwnerOperatorship
B	**阴极保护**	**CPSystem**
B01	阴极保护读数	CathodicReadings
B02	阳极电缆	CPCable
B03	通电点	CPCoupling
B04	牺牲阳极	CPGalvanicAnode
B05	阳极地床	CPGroundBed
B06	阳极地床设备	CPGroundBedDevice
B07	恒电位仪	CPRectifier
B08	排流装置	CurrentDrain
C	**侵占**	**Encroachment**
C01	现场记录	FieldNote
C02	现场记录在线位置	FieldNoteLocation
C03	建筑物轮廓	StructureOutline
C04	建筑物	Structure
C05	建筑物在线位置	StructureLocation
C06	路权	RightsOfWay
C07	路权在线位置	ROWLocation
C08	水工保护	FloodProtection
C09	水工保护在线位置	FloodProtectionLoc

管道完整性数据管理技术

编　号	对象名称	
	中　文	英　文
D	**事件支持**	**EventSupport**
D01	地址	Address
D02	活动	Activity
D03	活动点	ActivityPoint
D04	活动层次	ActivityHierarchy
D05	活动范围	ActivityRange
D06	公司	Company
D07	联系人	Contact
D08	站场人员	SitePersonnel
D09	人员层次结构	PersonnelHierarchy
E	**干线设施**	**Facilities**
E01	附属物	Appurtenance
E02	套管	Casing
E03	封堵物	Closure
E04	防腐层	Coating
E05	弯头	Elbow
E06	管道连接方式	PipeJoinMethod
E07	管道维修	PipeRepair
E08	管段	PipeSegment
E09	钢管信息	PipeInfo
E10	异径管	Reducer
E11	管道开孔	Tap
E12	三通	Tee
E13	阀	Valve
E14	收发球筒	PiggingStructure
E15	收发球筒在线位置	PigIntersection
F	**历史记录**	**Historical**
F01	废弃的防腐层	AbandonedCoating
F02	废弃的线要素	AbandonedLine

编　号	对 象 名 称	
	中 文	英 文
F03	废弃对象	AbandonedObject
F04	废弃的点要素	AbandonedPoint
F05	废弃的站列	AbandonedSeries
F06	删除的线要素	RemovedLine
F07	删除的对象	RemovedObject
F08	删除的点	RemovedPoint
F09	删除的站列	RemovedSeries
G	**检测**	**Inspection**
G01	检测合同	InContract
G02	裂纹	Crack
G03	凹陷	Dent
G04	管道读数	PipeReadings
G05	内检测标识点	MarkerPoint
G06	金属损失	MetalLoss
G07	焊缝	Weld
G08	内检测结果	InIli
G09	补口	Joint
H	**基础地理**	**Landbase**
H01	等高线	CountourLines
H02	高程点	ElevationPoint
H03	埋深点	DepthOfCover
H04	紧急服务	EmergencyService
H05	断层线	FaultLines
H06	外部管道	ForeignPipeline
H07	外部管道在线位置	ForeignPipelineLoc
H08	河流	Hydrology
H09	河流与管道交叉点	HydroLocation
H10	河流影响范围	HydroEasement
H11	土地利用	LandUse

管道完整性数据管理技术

编　　号	对 象 名 称	
	中　文	英　文
H12	其他穿跨越	MiscCrossing
H13	其他穿跨跃在线位置	MiscelleanousLoc
H14	其他穿跨跃影响范围	MiscEasement
H15	市政边界	MunicipalBndry
H16	省界	ProvidincalBndry
H17	铁路	Railroad
H18	铁路与管道交叉点	RailroadLoc
H19	铁路影响范围	RailroadEasement
H20	公路	Road
H21	公路与管道交叉点	RoadLocation
H22	公路影响范围	RoadEasement
H23	活动地震带	SeismicActivity
H24	边坡	Slope
H25	土壤	Soil
H26	公共设施	Utility
H27	公共设施在线位置	UtilityLoc
H28	面状水域	WaterBody
H29	面状水域在线位置	WaterBodyLocation
I	**运行**	**Operations**
I01	桩	Stake
I02	桩在线位置	StakeLocation
I03	站场边界	SiteBoundary
I04	区域等级	AreaClass
I05	失效线	Failureline
I06	失效点	Failurepoint
I07	高后果区	HighConsequenceArea
I08	运行压力	OperatingPressure
I09	压力测试	PressureTest
I10	埋地标识	BuriedSign

编　号	对　象　名　称	
	中　文	英　文
J	**风险源**	**RiskSource**
J01	风险源在线位置	DisasterLocation
J02	管段风险	SectionRisk
J03	风险排序	RiskOrder
J04	个人风险	IndividualRisk
J05	社会风险	FNCurve
J06	失效可能性	FailureLikelihood
J07	失效后果	FailureConsequence
J08	费用成本	ActivityCost
J09	检测成本	InspectionCost
J10	地区活动	LocationActivities
J11	降雨量	RainFall

4. 数据字典示例

数据字典对数据库中的每张表都进行了系统、详细的描述，表3－2是数据字典中关于"防腐层"的描述。

表3－2　管道数据字典示例

防腐层（Coating）

要素类型：在线线要素

注释：	对管道进行防腐处理，管道的内部以及/或者外部的涂层				
字段名称	别名	数据类型	长度	是否允许为空	备注
OBJECTID	OBJECTID	OID	4	否	
Shape	Shape	Geometry	不定	是	
CreatedBy	创建者	String	15	是	
CreatedDate	创建日期	Date	8	是	
EffectiveFromDate	起始有效期	Date	8	是	
EffectiveToDate	失效日期	Date	8	是	
GroupEventID	组 ID	String	38	是	
LastModified	最后修改日期	Date	8	是	
ModifiedBy	修改者	String	15	是	

管道完整性数据管理技术

注释：	对管道进行防腐处理，管道的内部以及/或者外部的涂层				
字段名称	别名	数据类型	长度	是否允许为空	备注
OperationalStatus	运行状态	Integer	4	是	主域
OriginEventID	原始 ID	String	38	是	
Remarks	备注	String	255	是	
ProcessFlag	标识列	String	10	是	
DataResolution	比例尺	Integer	4	是	主域
EventID	事件 ID	String	38	是	
StationSeriesEventID	站列事件 ID	String	38	是	
BeginStation	起始里程（m）	Double	8	是	
EndStation	结束里程（m）	Double	8	是	
InternalExternal	内/外防腐	Integer	4	是	
CoatingCondition	涂层状况	Integer	4	是	主域
CoatingMaterial	防腐层材料	Integer	4	是	主域
CoatingMill	防腐层制造厂商	Integer	4	是	主域
CoatingSource	防腐层安装地点	Integer	4	是	主域
InServiceDate	投用日期	Date	8	是	如果经过大修应填换新时间
AssemblyCompany	施工单位	String	30	是	
InspectingCompany	监理单位	String	30	是	
TestingCompany	检测单位	String	30	是	
CoatingThickness	防腐层厚度（mm）	Double	8	是	
ManufactureMethod	涂刷方式	Integer	4	是	主域
TestVoltage	检漏电压（V）	Double	8	是	

InternalExternal（值域）：

1）外防腐层；

2）内防腐层。

CoatingMaterial（值域）：

0）未知；

1）石油沥青；

2）煤焦油带、沥青焦油等；

3）煤焦油瓷漆及配套材料；

4）油漆；

5）胶带；

6）收缩套/带；

7）双层环氧树脂；

8）单层熔结环氧粉末；

9）单层熔结环氧粉末 & 胶带；

10）双层熔结环氧粉末；

11）无溶剂型液态环氧；

12）三层 PE& 收缩套 & 弯管涂层；

13）环氧煤沥青；

14）聚乙烯胶粘带；

15）液态环氧 & 热收缩套/带；

16）泡沫夹克防腐层；

17）溶剂型液态环氧；

99）其他。

CoatingSource（值域）：

0）未知；

1）现场涂装；

2）工厂预制；

99）其他。

CoatingCondition（值域）：

0）未知；

1）很好；

2）少量破损；

3）大规模破损；

4）无防腐层；

99）其他。

第四节　管道完整性数据库

　　管道完整性数据库是建立在海量的管道数据和管道沿线地理信息数据之上的，数据的合理组织和数据库结构的合理设计是确保管道完整性管理系统开发成功的关键步骤。

管道完整性数据库是由一组数据库组成的，用于组织和存储管道完整性管理的相关信息，例如，安全检测、风险评价、风险缓解、剩余强度分析、剩余寿命分析等。它是由基础信息、完整性信息和地理信息三类数据构成的综合性数据库。一般来说，都应该结合管道数据库，以求管道完整性管理系统有更充足的数据源和更为详细合理的数据分析及处理，以达到完整性管理的整体目标。

一、数据库总体设计

1. 设计原则

管道完整性数据库的设计既与普通数据库的设计存在较多共性，同时也存在一些特殊的要求，一般而言，管道完整性数据库的设计原则有如以下几条：

（1）通用性

由于数据表可能会增加，因此系统不能针对一个数据表做一个录入表单，只能设计一个通用的录入表单。但在界面上，就不能做到根据性质分组，编辑框根据数据长度设计宽度等个性化的特征。

在设计通用表单时，应兼顾到一些特殊的输入，例如，里程有两种输入方法，一是直接输入里程数，二是通过桩号前后距离输入。

（2）扩展性

一旦需要增加新的录入表，就在模板库中增加，并同时配置相应的信息（如中英文字段对应表等）。

系统运行时，系统从模板库中提取需要录入的数据表名，用户选择要录入的数据表。如果需要录入的数据表在当前操作的成果库中不存在，系统就自动根据模板库中对应数据表的结构，在成果库中自动创建。

（3）表的独立性

从 APDM 模型来看，各数据表之间存在大量的关联，但目前录入的数据表中不存在表之间的关联字段，这是因为在 APDM 模型中使用了关联类存储关联信息。因此录入子系统对数据表的录入，基本按照互相独立来管理。但有两个地方是存在一定关联的，需要注意：（1）控制点和中心线：中心线是由控制点自动生成；（2）站列和附属物、套管等在线矢量数据的关系：附属物等矢量数据依附于站列。

（4）域值的统一性

目前各字段的域值，APDM 已经有一定的规定。针对实际运行中很有可能会发现有不能满足现状的情况，域值的管理统一维护。需要新增或更改域值时，维护人员统一进行增加或更改。

2. 设计要求

系统设计的数据库应该满足以下基本要求：（1）能够为管道完整性信息的存储和管理提供系统的依托；（2）能够为管道完整性管理和其他相关系列软件的开发提供良好的数据支持。

此外，在数据库管理的层面上应该遵守以下要求：

（1）成熟度要求

1）支持当前最流行的数据库技术标准，例如：ANSI/ISO SQL99，ANSI/ISO SQL89，ANSI/ISO SQL92E，ODBC3.0，X/Open，CLI，JDBC 等。

2）完全支持中文国家标准第二级（GB 2312—1980《信息交换用汉字编码字符集　基本集》）中文字符的存储处理，支持 UNICODE 通用编码格式。

3）支持对象数据库或多媒体的存储管理。

4）支持数据仓库的建立和管理，对数据仓库和 OLAP 应用有完善的支持。

（2）可靠性要求

1）支持数据的在线备份与恢复，具有多种数据复制方式。

2）提供软件容错机制，包括数据库、日志镜像、自动恢复。

（3）安全性要求

1）支持行/页/表等不同级别的锁机制，有良好的死锁处理机制，以及阶段提交机制，以保证数据的完整性和一致性。

2）支持数据库存储加密、数据传输通道加密等保密机制。

3）支持身份识别、角色划分、追踪审计等安全机制。

（4）开放性要求

1）支持主流厂商主推的硬件和操作系统平台，应包括 Windows，Vista，IBMRS6000/AIX，HPHP9000/HP‐UX，SUN/Solaris 等。

2）支持主流的网络通信协议，应包括 TCP/IP 等。

3）支持异种平台上异种数据库的良好互联，可实现对文件数据和桌面数据库数据的访问，可实现对大型异种数据库的访问，可将原有异种数据库向本数据库无损失移植。

4）支持易用并具有广泛适应性的开发语言和工具，如 VC，VB，PB，

JAVA，XML，G3，G4，CASE，WEB 应用工具，等等。

（5）可扩展性要求

1）支持从单 CPU 系统到 SMP 多 CPU 系统或 SMP 多 CPU 系统到双机甚至多机集群系统的扩展及应用系统与业务系统的无损失移植。

2）支持建立用户自定义数据类型和用户自定义函数。

3. 设计方案

数据库的设计多采用目前的标准化设计方法，即改进后的新奥尔良（New Orleans）方法进行设计，其设计过程如图 3－6 所示。

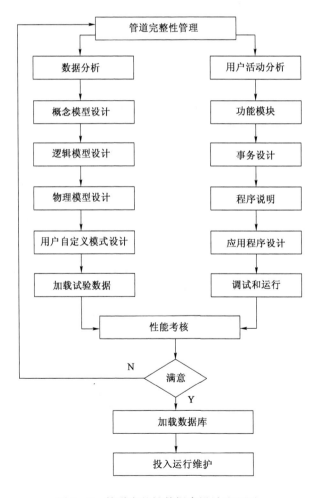

图 3－6　管道完整性数据库设计流程图

二、管道完整性数据库

管道完整性数据库是指基于管道完整性数据模型，管理管道核心数据，把企业日常运营中不同时相、不同比例尺、不同数据类型的遥感影像、专题数据、管道数据在数据库中高效、合理的组织、存储，使上层的应用程序准确获得查询、检索数据转换为集中统一的、可随时利用的知识信息，从而有效支撑管道完整性管理应用的一种数据库。

1. 空间数据库

管道完整性数据库是含有地理空间坐标信息的空间数据库，其内容是以矢量格式存储的以各种编码将地图信息分类及分级的地理坐标数据。管道完整性管理中管道数据的空间信息是最为重要的信息，包括管道的里程、空间坐标、拓扑关系，等等。空间数据存储在关系型数据库系统 RDBMS（Relational Database Management System）中，但是 RDBMS 都没有提供 GIS 的数据类型（如点、线、多边形，以及这些要素之间的拓扑关系和投影坐标等相关信息），RDBMS 只提供了少量的数据类型支持 Int，Float，Double，Blog，Long，Char 等，一般都是数字、字符串和二进制数据几种。并且 RDBMS 不仅没有提供对 GIS 数据类型的存储，也没有提供对这些基础类型的操作（如判断包含关系，相邻、相交、求差、距离、最短路径等）。

目前，GIS 软件与大型商用 RDBMS 的集成，系采用空间数据引擎来实现。而今代表性的空间数据引擎产品有 ESRI 的 SDE（Spatial Database Engine）。SDE 是一种空间数据库管理系统的实现方法，即在常规数据库管理系统之上添加一层空间数据库引擎，以获得常规数据库管理系统功能之外的空间数据存储和管理的能力。SDE 在用户和异种空间数据库的数据之间提供了一个开放的接口，它是一种处于应用程序和数据库管理系统之间的中间件技术。使用不同厂商 GIS 的客户可以通过空间数据引擎将自身的数据提交给大型 RDBMS，由 RDBMS 统一管理；同样，客户也可以通过空间数据引擎从 RDBMS 中获取其他类型 GIS 的数据，并转化成客户可以使用的方式。

管道完整性的空间数据库采用 RDBMS（Oracle）＋ SDE 的方式存储组织数据，Oracle 数据库是由一个实例（Instance）和存储在硬盘上的文件组成的。Oracle 实例是由进程和内存结构组成的。服务器进程从 SGA 与 Oracle 客户端交互，比如 SDE。服务器进程负责处理用户提交的 SQL 语句以及读写用户数据。后台进程代表服务器进程与组成数据库的物理文件交互。构成 Oracle 这样大容量数据库的是一系列数据文件，其中存储了如表和索引等这类的对象。在 Oracle 中，SDE 就像管理地理数据的"大门"，使得 Oracle 中数据可以快速向基于 ArcEngine 开发的应用程序，以及其他互联网络客户端传输。SDE 和 Oracle 的组合使用，有利于将基于传统文件的矢量、栅格数据都移植到一个空间数据及属性数据集成的数据库中。这样，所有的空间数据及属性数据都被管理在数据库内，有利于数据的一体化。完整性数据库设计主要从两方面进行考虑：首先便于数据的组织、管理与应用，既能满足规划管理部门的需要，又能满足运营公司的管理需要；其次便于管线空间分析模型的建立与实现，因为空间分析模型的建立与实现依赖于空间数据结构。图 3-7 为管道完整性数据库系统架构设计的示意图。

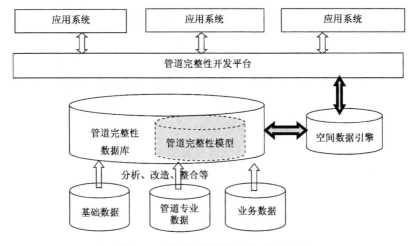

图 3-7　管道完整性数据库系统架构

空间数据库是大量不同类型的地理数据集的集合，这些地理数据集可以存储在普通的文件中，也可以存储在微软的 Access 本地数据库中或者多用户的 RDBMS 中，文件和本地数据库存储方式是针对开发测试和小型企业应用的，管道完整性采用的是最后一种方式，存储在大型企业级的 Oracle 数据库中。

空间数据库包含三种主要的数据集类型：要素类、栅格数据集和属性表。数据集（FeatureDataset）是空间数据库中的一个重要概念。它是空间数据库用来组织和运用地理信息的基本机制。在创建空间数据库时，首先生成不同的数据集类型，然后添加或者扩展空间数据库基本要素的能力，例如，添加拓扑、网络、子类以实现 GIS 行为建模、维护数据完整性以及建立空间关系。

　　空间数据库的一个关键策略就是利用 RDBMS 管理不同数据类型，从简单要素集到海量数据集、到多用户并发操作的 GIS 数据集。数据库中的二维表为这些数据集提供了基本的存储机制。SDE 提供了扩展的 SQL 语言处理批量的查询和操作表的功能，空间数据库正是基于利用这些功能而设计的。空间数据库的存储不仅包括简单的空间坐标和属性数据的表格，还包括这些地理数据集的模式和规则。空间数据库的三种基础数据集要素类、栅格数据集、属性表和其他的空间数据库元素都以表格的形式存储。在数据集中空间数据的表示或者以矢量要素的形式存储，或者以栅格数据存储。要素类和传统的属性字段一起存储在表的列中，每行记录代表一个要素。SDE 的空间数据库支持版本和长事务处理，支持丰富的数据类型，如标注、拓扑、几何网络，等等，这些类型都可以应用于海量、高性能的管道完整性数据库。同时它还支持长事务框架，以支持多种数据管理工作流和操作，多用户并发编辑。

　　2.　完整性数据库结构设计

　　（1）概念设计

　　根据管道完整性数据的内容，在概念层次上，可将管道完整性管理数据库存储的数据划分为四类：1）基础地理信息，即管道和管道沿线周围的地理位置和地理分布信息，如管道的地形、地貌、穿跨越、土壤、水系、建筑物、高程、行政区划等基本面貌的空间数据；2）管道专业数据，即管道的设计、施工、运行过程中所涉及的数据，如安全检测数据、风险评价数据等；3）环境专题数据，主要是站场数据；4）遥感影像数据，主要提供管道的背景信息。

　　（2）逻辑设计

　　按照地理信息系统对数据的组织方式，可将上述管道完整性数据分为三大子库：

　　1）空间数据库：

　　①存储按照管道数据模型要求的必须的要素类/对象表；

　　②存储按照业务特点扩展出来的管道要素类/对象表；

　　③存储规则机制所需的 8 张系统表。

　　2）属性数据库：

　　①存储对整个完整性系统进行权限管理的系统表；

　　②存储第三方开发的系统（如数据录入系统、工程图系统）运行所需的

系统表。

3）影像数据库：

①原始影像表；

②纠正影像表。

（3）物理设计

从物理存储的角度，根据对象关系型数据库的原理，将管道完整性数据库进行抽象和概念类的设计，定义整个模型的逻辑关系、结构关系、位置规则、继承规则，将所有的数据库表分为纯属性表和要素类，并规定最高级抽象类，及在线点、在线线、离线点、离线线与管道中心线的关系（图3-8）。

针对完整性管理工作需要，将管道数据分成以下十大部分：管道中心线、阴极保护、侵占、设施、检测、基础地理、运行、历史记录、管道风险、事件支持。由于篇幅所限，本章仅以部分管道中心线数据的各表结构为例，介绍其数据的物理组织方式，其余几种管道数据的表结构请参考中国石油天然气集团公司企业标准《管道完整性管理规范 第6部分：数据库表结构》（Q/SY 1180.6—2009）。

3. 完整性数据库存储设计

合理组织、存储数据对于数据库的管理、性能、制定备份策略都起到了至关重要的作用。由于当前数据库服务器大都采用RAID技术，将多个磁盘通过RAID方式结合成虚拟单个大容量的硬盘使用，从而保证了读取速度加快及提供容错能力，解决了磁盘的I/O争用问题，所以控制SDE表和索引在Oracle数据库中的存储配置也就保证了空间数据库的性能。我们可以通过DBTUNE中定义的存储参数来实现。SDE默认安装过程很方便，但不一定会达到预期的良好性能。没有经过配置和调整的SDE也同样不会获得满意的效率。存储在数据库中的每张表和索引都有一个存储配置。存储表和索引的方式会影响到数据库的性能。SDE从DBTUNE表读取存参数来定义SDE表和索引的物理存储参数。存储参数都是按照配置关键字分组的。表和索引的布局受DBTUNE中的存储参数 DATA_ DICTIONARY 控制。当建立SDE表和索引的时候就将这些关键字指派给数据。通过编辑DBTUNE文件，可以将表和索引组织起来，为表和索引建立不同的表空间，从而为管道数据设计存储方式，在存储数据时应参照以下准则：

1）创建表和索引时指定不同的表空间；

2）对不同的数据内容创建不同的表空间，因为数据使用频率不同，备份策略也不尽相同；

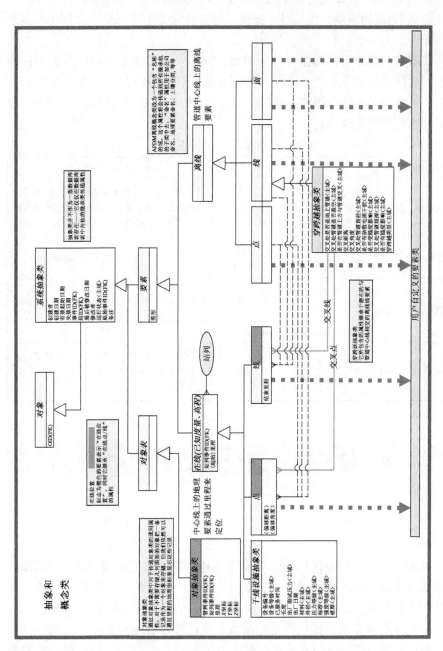

图3-8　表关系

3）创建回滚段专用的表空间，防止空间竞争影响事务的完成；

4）创建临时表空间用于排序操作，尽可能地防止数据库碎片存在于多个表空间中。

管道完整性管理的数据可分为四类：SDE 以及其他应用程序系统表；各种不同比例尺的水文、气候、地形专题数据；管道沿线高分辨率的遥感影像数据；各种管道本体的设施、缺陷、运行的 PIDM 模型中的数据。表 3‑3 描述了这些数据的存储方式。

表 3‑3　数据库存储内容及方式

数据内容	数据类型	具体内容	比例尺/精度	存 储 方 式
系统数据	属性数据	SDE 系统表，其他应用程序系统表	—	当数据库处于多版本状态下时 SDE 系统表会增加上万条记录，必须放在独立的表空间存储，并且和其他应用程序系统表分离存储
专题数据	矢量	水文、地震带、道路、气温	1：400 万 ~ 1：5000	数据库中要有独立的表空间存储表和索引
遥感影像	栅格	全国范围的背景影像图	15m/像素	栅格数据集/栅格目录组织数据，数据库中要有独立的表空间存储表和索引
		管道沿线影像	0.61 ~ 1m/像素	
PIDM 数据	矢量	管道、防腐层、阀、阴极保护	1：5000	使用频率最高，根据 PIDM 内容以数据集方式组织数据，数据库中要有独立的表空间存储表和索引

第五节　完整性数据维护

管道数据具有逻辑关系复杂，数据类型多，数据变更频繁的特点，在完成数据恢复、数据存储工作之后，需要维护在日常分析、应用、工作流中产生的数据。管道系统中我们通常会遇到一些有别于其他行业的维护和管理，中国地域辽阔，油气管线数量多、距离长，上千公里的管线有数条，最长管线达四千多公里，这就造成了数据量庞大，管道跨区域、跨省，管辖区域多。行业所特有的操作多，比如管道的改线、确定管道设施位置关系复杂、计算高风险区域等，管理中国石油管辖的上万公里油气管道数据是一份巨大而繁杂的工作，需要一种能够专门针对管道行业的软件对数据进行维护和管理。

管道完整性数据维护系统是专门针对管道完整性数据库和管道行业特点的一个数据维护系统。传统的数据管理系统只是立足于解决管道资料的管理，将纸质的施工资料、竣工资料等电子文档通过数据库管理系统来实现对资料的数字化管理。随着 GIS 技术的出现，大量软件在 GIS 技术基础之上实现了对管道空间信息的管理、空间定位、查询、漫游等功能，但是当在管道运营期间出现大量的空间信息变更时，这种系统将难以维护管道设施之间的逻辑关系及空间位置关系。从没有哪个软件系统在管理管道空间位置关系的基础上解决了管道设施之间的逻辑关系。管道的数据不是孤立存在的，他们都是以管道中心线为基础，其他管道设施以点、线、多边形的形状，在线、离线、交叉的位置关系，一对一、一对多或多对多的逻辑关系存在的。这样一个庞杂的管道系统，首先应根据中国石油管道的特点定制出符合完整性管理需求的数据模型 PIDM，这个模型涵盖了包括管道中心线和管道设施及周边公共设施、地理环境在内的所有内容及逻辑关系。在此模型基础之上辅以 GIS 技术，将传统的管道资料与空间信息结合起来，实现了管道空间位置和管道设施逻辑关系的管理。

在开发技术上选择了利用 COM 技术，以 ArcEngine 的组件库为基础的二次开发方式，利用 ESRI 系统稳定性高、运行速度快的特点，通过在底层实现对 ArcObjects 的扩展，形成了一套专门应用于管道完整性管理、管道行业运营管理数据的系统。

完整性数据维护系统的功能设计旨在解决管道中心线维护、管道设施维护以及通过灵活的规则配置机制维护它们之间的逻辑关系的问题。完整性维护系统应包含以下具体功能：

（1）管道中心线管理

在 PIDM 模型中管道中心线由控制点和站列组成，管道中心线管理功能全部围绕控制点和站列的维护。

（2）要素管理

要素管理主要涉及管道设施的管理，如何按照 PIDM 数据模型的结构，规范存储数据，包括创建在线要素管理、离线要素管理、编辑属性、维护关联关系。

（3）规则管理

随着管道业务的不断发展，会不断出现新的需求，这势必要求 PIDM 模型不断的完善扩充以满足管道发展的需求，但模型对于企业的发展需求必须是可控的，数据维护系统必须能适应今后数据维护的新要求，因此设计规则的目标是要求任何管道设施均可配置，而不是一成不变写死在数据库中，以便对于每个 PIDM 对象都可卸载旧的规则，增加新的规则，提高系统灵活性。

（4）版本管理

管道完整性数据和其他数据一样，需要不断地进行维护和编辑更新。管道完整性数据库被设计为可以支持事务处理的空间数据库。它可以同时被多用户编辑，支持大数据量的连续存储。当多用户对某个空间要素进行编辑时。每个用户需要对自己的数据库状态进行编辑、查看，而不需要看到其他用户的数据库状态。最后，每个用户需要把更新数据提交，并且解决和其他用户的编辑冲突的情况。协调数据的一致性都是基于版本控制实现的，当修改、添加要素或对象时，他们的不同状态都作为版本记录下来管理。

（5）权限管理

对于管道运营公司的系统管理员需要使用权限机制保证功能分配合理，并根据登录用户，限制其可用数据源、数据权限，系统管理员可以合理地分配系统中的功能模块、版本、数据对象、管理区域等数据资源，以保证各分公司在数据管理中互不影响、统一管理。

小　结

数据模型是建立管道完整性数据库的基础，本章对四种主要管道完整性数据模型进行了分析和对比，着重讲述了完整性数据库总体设计方法和存储设计方法，并介绍了管道完整性数据字典。管道完整性数据维护是在完成数据采集并合理地在数据库中组织、存储数据后，针对管道在运营阶段产生的数据进行维护管理的技术，为管道完整性管理提供准确的数据基础，为管道建设与运营的信息化管理的提供数据支持。本章讲述了在实施管道完整性管理过程中业务流程与数据流程的关系，并重点描述了管道数据维护系统。数据维护系统在整个管道完整性数据管理中是十分重要的一个维护工具，所有的管道完整性各个阶段产生的数据都离不开维护系统的管理，它最大的特点是能够在维护空间数据变更的同时维护数据间的关联关系，是各地区公司数据库管理员需要掌握的一项基本技能。

第四章　管道完整性数据安全

第一节　管道数据安全概述

测绘数据一直是国家严格要求保密的重要数据资料，《中华人民共和国测绘法》、《测绘管理工作国家秘密范围的规定》、《计算机信息系统国际联网保密管理规定》，对涉密地图数据都提出了保密要求。

管道数据带有空间信息，其空间坐标数据标明了国家领域范围内地理要素的详细坐标，尤其是管道中心线的坐标精度达到了亚米以上级别，属于国家绝密数据，一旦泄露将给国家能源安全造成极大的威胁。国家在计算机信息安全、测绘信息安全中，都有详细的规定，要求必须做到数据安全保密。

无论从保守国家机密的角度，还是从保护企业秘密的角度，都十分有必要进行管道数据的保密工作，严格控制管道数据的使用。

第二节　管道数据保密规范

一、管道数据保密要求

管道数据事关国家安全，按照相关的规定必须保密，同时，管道数据又在国家建设、国防建设上发挥着重要的作用，因此，为了保证国家安全、石油安全，需要进行管道数据安全保密工作，防止管道信息财产被故意地或偶然地非授权泄露、更改、破坏或信息被非法地辨识、控制，以确保信息的完整性、保密性和可用性。

近几年来，国家对计算机信息系统安全管理非常关注，多次指示相关部门制定有效措施，切实加强管理，提高我国计算机信息系统安全保护水平，以确保社会政治稳定和经济建设的顺利进行。据此出台了多项规章制度，如《计算机信息系统国际联网保密管理规定》中规定"涉及国家秘密的计算机系统不得直接或间接地与国际互联网或其他公共信息网络相连接，必须实行物理隔离。"

与一般的数据相比，管道数据具有空间信息，在进行数据安全工作的时候，不仅需要参照《中华人民共和国保守国家秘密法》等法律、法规，进行安全保密工作，同时，还需要参考测绘行业、石油行业的相关规定，进一步做好保密工作。如《中华人民共和国测绘法》规定"测绘成果保管单位应当采取措施保障测绘成果的完整和安全，并按照国家有关规定向社会公开和提供利用。测绘成果属于国家秘密的，适用国家保密法律、行政法规的规定；需要对外提供的，按照国务院和中央军事委员会规定的审批程序执行"。

因此，管道测绘成果资料属于国家秘密的范畴，必须按照国家相关法律要求，对管道数据进行保密。

同时，从管道数据的作用上看，管道测绘成果资料不仅在数字化管道建设中有重要作用，而且在国防建设中也发挥着至关重要的作用，所以必须对管道数据进行保密。

在国民经济高速发展的新形式下，为保证国家安全，防治涉密管道数据泄露，可以从以下三方面对管道测绘成果资料进行保密管理：

1）加强制度管理，保证管道数据安全，严格遵守《中华人民共和国保守国家秘密法》、《中华人民共和国测绘法》、《中华人民共和国测绘成果管理条例》等相关法律法规；

2）利用技术加强数据安全，要坚决实行含有管道测绘成果资料的计算机与 Internet 物理断开的措施；

3）加强宣传，提高工作人员管道数据保密意识，防止管道数据泄密。

二、管道数据发布要求

当前，随着管道企业信息化程度的不断提升，出现了多种管道信息化系统，如管道设计系统、完整性管理系统、风险评价系统等，它们面向管道管理各环节，从基层站场到科室、分公司，涉及许多用户。虽然大部分管道数据属于涉密数据，受国家安全保密政策限制，需采取各种措施对管道数据进行保护，防止涉密数据外泄。但随着管道管理现代化和信息化的发展，使得对管道数据公开使用的需求不断增强，如利用管道地图辅助巡线、检测以及基于管道的各种评价计算，导致数据保密与公开的矛盾十分突出。

为了使涉密测绘数据能够公开使用，国家也出台了相关的规章制度。例如，《公开地图内容表示若干规定》及《公开地图内容表示补充规定》明确规定了不能公开的地图内容，并对公开数据的精度要求进行了界定，如"公开地图位置精度不得高于50m，等高距不得小于50m，数字高程模型格网不得小于100m"，并要求涉密数据必须经过一定的处理才能公开使用。

因此，为了满足管道日常管理的数据需要，在符合国家相关规章制度的前提下，可以将经过处理的管道数据进行公开，供管道用户使用。

第三节　管道数据安全技术

一、管道数据安全隐患成因

由于管道数据安全涵盖的内容十分广泛，造成数据安全隐患的成因也比较复杂，下面列出几种常见的管道数据安全隐患成因。

1. 网络安全性

1）协议的安全性：由于TCP/IP协议自身存在的隐患，可能导致黑客采用IP地址欺骗、IP碎片袭击、TCP序号攻击和UDP欺骗等手段，远程读写数据文件、执行文件并通过网络窃取，造成不同程度和形式的危害。比较典型的如Telnet、FTP、SMTP等应用协议中，用户的口令信息是以明文形式在网络中传输的，而这些协议底层所依赖的TCP协议本身也并不能确保传输信号的安全性。

2）网络传输的安全性：Internet/Intranet一般是以没有安全保障的公用电信网络作为硬件基础，其物理上的脆弱性是比较明显的。信息从信息源站通过网络传输到信息目的站（宿站）的过程中，可能遇到的信息威胁，网络中的任何中间节点均可能拦截、读取，甚至破坏和篡改封包的信息。

2. 工作环境安全性

现有的操作系统、数据库系统、安全产品等工作环境存在许多安全漏洞，包括自身的体系结构问题、对特定网络协议实现的错误以及系统开发过程中遗留的后门（Back Doors）和陷门（Trap Doors），这些底层安全漏洞的不确定性，往往会使用户精心构建的应用系统毁于一旦。

例如，由于微软对反向兼容的依赖（即为拓展市场而不得不继续遵循一些网络中原有的通信协议），使得操作系统安全架构不甚理想：如其底层的网络支撑体系仍然沿用 NetBIOS／CIFS（Common Internet File System，公共广域网文件系统）和 SMB（Server Message Block，服务器消息模块）等网络协议，使得黑客能够利用旧的协议漏洞和原理进行攻击；且用户信息和加密口令（保存在 SAM 文件中）沿用了 LanManager 散列单项加密算法（使用较弱的 DES 加密算法），使得入侵者可以轻松逆向破解经该算法加密的 SAM 文件。

3. 安全规划不合理

目前的各种安全技术、安全产品一般都基于不同的原理和安全模型工作，虽然从某个角度来看都是不错的安全产品，但当这些产品应用到同一个系统中时，由于缺乏总体的安全规划，导致各个安全产品相互之间的互操作性以及兼容性问题往往无法得到保证，因此就形成许多新的安全问题。

二、数据安全隐患

常见管道数据安全隐患主要表现在以下五个方面：

1. 非授权访问

事先没有获得系统相应的授权，就访问网络或计算机的资源，即，设法避开系统的访问控制权限，对网络中的各种资源进行非法使用，或擅自扩大权限，越权访问信息。主要有以下几种形式：假冒、身份攻击、非法用户进入网络系统进行违法操作、合法用户以未授权方式操作等。

2. 信息泄露

有价值的或敏感管道数据在有意或无意中被泄露或丢失，它包括信息在传输中泄露或在存储介质中丢失或泄露。目前多数网络仍以安全性较差的方式服务，使用者账号、密码、邮件等资料，全都可以使用监听方式取得。

3. 破坏管道数据完整性

以非法手段窃取、获得对管道数据的使用权，删除、修改、插入某些重要信息，以取得有益于攻击者的响应；恶意添加、修改管道数据，以干扰用户的正常使用。

4. 拒绝服务攻击

利用 TCP/IP 协议的漏洞、操作系统安全漏洞以及各种应用系统的漏洞，对网络设备进行攻击的行为。通常，攻击者不断地对网络服务系统进行干扰，改变其正常的作业流程，执行无关程序使系统响应减慢甚至瘫痪，使合法用户被排斥而不能进入网络服务系统，得不到相应的服务，如报文洪水攻击、电子邮件炸弹。

5. 恶意代码

这类攻击可能会使系统执行特定的程序，引发严重的灾情，主要包括病毒、蠕虫、间谍软件、木马及其他后门。目前，计算机病毒是威胁网络信息安全的祸首，成为很多黑客入侵的先导，使网络系统瘫痪，重要管道数据无法访问甚至丢失。

由于造成管道数据安全隐患的原因十分复杂，致使出现了许多安全问题，使得数据安全工作显得十分重要，同时，也表明十分有必要采取一定的措施和手段来开展管道数据安全保密工作。

三、常用安全防护技术

1. 加密技术

加密技术是把数据变为乱码（加密）传送，到达目的地后再用相同或不同的手段还原（解密），一般包括两个元素，即算法和密钥。算法是将普通的文本与一串数字（密钥）结合，产生不可理解的密文的步骤，密钥是用来对数据进行编码和解码的一种算法。

通常，对管道数据加密的技术分为两类，即对称加密和非对称加密。对称加密以数据加密标准（DNS，Data Encryption Standard）算法为典型代表，非对称加密通常以 RSA（Rivest Shamir Adleman）算法为代表。对称加密的加密密钥和解密密钥相同，而非对称加密的加密密钥和解密密钥不同，加密密钥可以公开而解密密钥需要保密。

从管道数据的存储、数据传输再到数据的使用，每个阶段都可以使用加密技术来保证管道数据安全。管道数据库加密、网络传输加密和数字水印是数据加密技术典型的应用实例。

（1）数据库加密

对管道数据库中的数据加密是为了增强普通关系数据库管理系统的安全

性，提供一个安全适用的数据库加密平台，对数据库存储的内容实施有效保护。管道数据库加密常采用数据库安全保密中间件对管道数据进行加密，实现对 DBMS 内核层（服务器端）加密和 DBMS 外层（客户端）加密。通过数据库存储加密等安全方法实现了管道数据库数据存储保密和完整性要求，使得管道数据库以密文方式存储并在密态方式下工作，确保了数据安全。

数据库加密不同于一般数据的加密，在加密过程中，需要考虑多种情况：

1）字段加密，管道数据库数据的使用方法决定了它不可能以整个数据文件为单位进行加解密，加解密的粒度只能是每个记录的字段数据；

2）索引字段、关系运算的比较字段、表间的连接键不能加密；

3）合理处理管道数据，包括：恰当地处理数据类型，否则将会因加密后的数据不符合定义的数据类型而拒绝加载，需要处理数据的存储问题，实现管道数据库加密后，应基本上不增加空间开销；

4）不影响合法用户的操作，加密系统影响数据操作响应的时间应尽量短，在现阶段，平均延迟时间不应超过一定的标准，对数据库的合法用户来说，管道数据的录入、修改和检索操作应该是透明的，不需要考虑管道数据的加解密问题；

5）为了防范入侵，仅有加密的技术手段还不足以构建一个健壮且受保护的管道数据库服务器，不完善的安装配置和维护会使服务器很容易地暴露给攻击者。

（2）网络加密

网络加密是通过使用各种加密算法、验证算法、封装协议和一些特殊的安全保护机制，为网络数据传输提供了数据机密性、数据完整性、数据来源认证、抗重播等安全服务，以保证管道数据在通过公共网络传输时的安全。例如，虚拟专用网（VPN）技术中就主要采用了网络加密技术。

网络加密技术主要包括数据传输加密、数据完整性鉴别和密钥管理技术三个方面。数据传输加密技术是采用特定加密算法和特定密钥对传输中的管道数据流加密。数据完整性鉴别的目的是对传送管道数据的相关内容进行验证，防止传输过程中的误码，或者被恶意截取、修改等。密钥管理技术的目的是保证在数据传输加密中所用密钥的安全，包括密钥的产生、密钥的分配、密钥的证实等。

（3）数字水印

数字水印技术是在图像、声音等多媒体数据中埋入某种信息，并使其隐蔽的一种技术，其特点是埋入的信息不能直接被感知，也不影响数据的使用，如果他人擅自去除埋入的信息，就会严重影响管道数据的质量。

管道数据的位置标识信息往往比数据本身更具有保密价值，如遥感图像的拍摄日期、经/纬度等。如果缺少标识信息，一些管道数据是无法使用的，但直接将这些重要信息标记在原始文件上又很危险。数字水印技术提供了一种隐藏标识的方法，标识信息在原始文件上是看不到的，只有通过特殊的阅读程序才可以读取。目前，这种方法已经被国外一些公开的遥感图像数据库所采用。

2. 防火墙系统

防火墙系统是一种允许接入外部网络，但同时又能够识别和抵抗非授权访问的网络安全技术。它位于内网与外网之间，在内外网进行通信时严格执行一种访问控制和安全策略的机制，过滤带有病毒或木马程序的数据包，控制不安全的服务和非法用户访问，保护网络避免基于路由的攻击，阻止攻击者进行口令探寻攻击，关闭不必要的端口。目前，防火墙常见的类型主要包括：包过滤防火墙、应用层网关、状态检测。

3. 入侵检测系统

作为对防火墙的补充，入侵检测系统能精确判断入侵事件，对入侵立即反应并及时关闭服务甚至切断链路，可以识别来自本网段、其他网段或外部网络的全部攻击行为，提高网络信息的安全性。

此外，入侵检测作为一种积极主动的新型网络安全防护技术，还常与防火墙技术联合运用于网络层，以入侵检测产品作为检测引擎，防火墙作为响应控制手段，充分发挥两种产品的优势，实现互补。

4. 网络审计监控系统

利用信息系统自动记录网络中机器的使用时间、敏感操作和违纪操作等，为系统进行事故原因查询、定位、事故发生前的预测、报警以及为事故发生后的实时处理提供详细可靠的依据或支持。

网络审计系统一般包含两类：一类基本上以入侵检测系统构成基本的内容；另一类以信息过滤和监控构成基本内容。

5. 网闸

物理隔离网闸是使用带有多种控制功能的固态开关读写介质连接两个独立主机系统的信息安全设备。由于物理隔离网闸所连接的两个独立主机系统之间，不存在通信的物理连接、逻辑连接、信息传输命令、信息传输协议，不存在依据协议的信息包转发，只有数据文件的无协议"摆渡"，且对固态存储介质只有"读"和"写"两个命令。所以，物理隔离网闸从物理上隔离、阻断了具有潜在攻击可能的一切连接，使非法用户无法入侵、无法攻击、无法破坏，实现了一定程度的安全。虽然网闸对实时攻击最有效，但物理隔离网闸只能看成是进行逻辑隔离的产品，就隔离效果来看，与真正的物理隔绝还存在一定的差别。

第四节　管道数据安全设计

一、目标与原则

　　管道数据安全工作的目的就是为了在安全法律、法规、政策的支持与指导下，通过采用合适的安全技术与安全管理措施，保障计算机及其相关配套的设备、设施（含网络）的安全，运行环境的安全，信息的安全及计算机功能的正常发挥，以维护计算机信息系统的安全运行。

　　管道数据安全涉及的内容主要包括管理安全、物理安全、运行安全和信息安全四个方面。

　　1）管理安全包括管理机构、管理制度、管理技术、人员管理；

　　2）物理安全包括环境安全、设备安全、介质安全；

　　3）运行安全包括备份与恢复、计算机病毒的防治；

　　4）信息安全包括身份鉴别、访问控制、信息加密、安全审计、抗抵赖、入侵检测、网络安全保密、操作系统安全、数据库安全。

　　管道数据的安全不是独立的，而是基于已有的安全系统之上的，如机房供电安全、消防安全、网络安全、入侵检测、防火墙、防病毒、数据备份及异地冗灾等内容。

　　在这类安全系统的基础上，管道数据安全设计的主要目标包括：

　　1）涉密网络与外部网络的物理隔离；

　　2）涉密数据的传输控制；

　　3）涉密数据的加密使用；

　　4）原有系统的升级和维护。

二、安全体系架构

参照国家保密系统设计要求，针对目前管道数据安全现状，管道数据安全主要采取涉密管道数据库物理隔绝与管道数据处理交换使用两套方法，以达到管道数据保密管理和共享使用的目的。网络拓扑结构如图4-1所示。

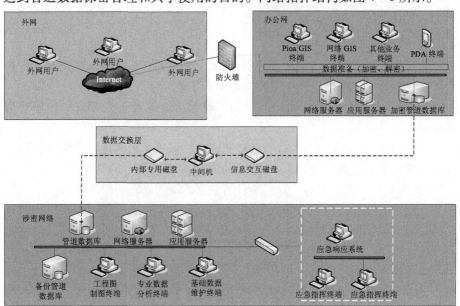

图4-1 系统网络结构图

1. 涉密网络层

涉密网络，即物理隔离专用网络，其中包含了涉密的管道数据，包括管道完整性数据、基础地理数据、专题数据、影像数据等。

涉密网络中管道数据可以用于各类专业分析操作，由于这些数据没有经过加密处理，因而各种计算分析的结果是准确的。可执行的操作包括：基础数据的录入维护、风险分析、统计分析（如管道线路的河流、铁路、公路的穿跨越统计）、工程图制图输出等。

为了适应应急响应系统的需求，建立与应急响应系统的连接，当出现事故时，利用应急系统，结合管道数据库中的原始数据辅助抢险救助工作。需要指出的是，应急响应系统也处于涉密网中，同外网也实行物理隔离。

在涉密网中需要通过设置用户的权限和级别，实现对管道数据库的访问控制，并记录用户的操作，对历史操作进行审计，确保各种操作的安全可靠。同时，还需要按时按需对数据文件进行备份。

此外，还需要对涉密网中的各种移动存储介质进行管理，防止管道数据经过非法的移动介质传到网外。如对网中的终端外设连接端口进行限制，只允许某台或某几台机器接入特定注册的存储设备、打印设备，其他机器只能通过网连的方式获取管道数据，还需要对已产生的各种带有坐标信息的工程图纸、文件等纸质介质进行安全管理。

2. 数据交换层

管道数据从涉密网络传输到办公网时，需要使用外部磁盘等设备进行拷贝传输。在拷贝过程中，至少需要注意以下几项内容：

1）拷贝前：身份认证和访问控制，确保当前人员有权拷贝和传输管道数据；

2）拷贝时：安全检查，检查数据完整性、病毒、恶意攻击代码等，防止因外部磁盘中的数据安全问题，感染涉密网或者办公网中的终端；

3）拷贝后：安全审计，对各种管道数据传输的日志进行审查。

在管道数据交换的过程中，需要使用到涉密网专用磁盘、中间机和信息交换磁盘，以保证数据在拷贝前、中、后的安全，数据交换层与任何网络都不连接。

涉密网专用磁盘，可以是经过一定的保密处理的设备，如特定磁盘文件格式，以提高管道数据的保密性，形成涉密网中的专用文件格式，仅限于涉密网中使用；中间机，即经过特殊处理的计算机，需安装特定的软件读取内部磁盘的文件格式，同时，还需要配备杀毒软件、审计软件、坐标加密软件，以保证管道数据的安全、可靠；信息交换磁盘，将加密的数据传输到办公网的数据服务器中，这时的管道数据是经过坐标加密的数据。

如果需要，还需要对磁盘进行注册，使其绑定到特定的机器中，其他非法机器无法读取磁盘信息。涉密网专用磁盘在使用的时候，需要注册到涉密网络中的特定机器和中间机，每次拷贝管道数据的时候，只能从这个终端访问数据库，将数据按照特定的文件格式下载到内网磁盘中，同时，在传输管道数据的过程中，记录使用者、下载时间、下载内容等信息，以备后期的审计工作。在使用信息交换磁盘的过程中，交换磁盘也需要在中间机器上进行注册，并记录磁盘数据交换操作的信息。

3. 办公网层

管道数据经过加密后，通过交换磁盘传输到办公网中的数据服务器中。

办公网中的各种管道数据使用终端及业务系统，主要包括两种架构，即客户端/服务器（C/S）架构和浏览器/服务器（B/S）架构。例如，一些风险评价软件、高后果区识别软件都属于 C/S 系统，而管道数据发布系统、管道网络 GIS 平台等网络工作平台都属于 B/S 系统。这两种架构的系统，所使用的大部分管道数据都是经过加密处理的，管道数据经过解密后才能正常运行，故需要对现有的系统进行升级和维护工作。

对于一些针对管道的业务操作分析，如风险分析、效能评价、维修维护等，使用的主要是事件表数据，由于该种类型的数据采用线性参考和动态分段技术，不带有具体的空间坐标，使得这类管道数据没有进行加密，所以在使用的过程中，可以直接使用。

对于高后果区识别、管道沿线空间信息内容和范围的查看等操作，由于需要使用各种经加密处理的矢量、栅格数据，所以在使用的过程中，需要先进行解密处理，才可以使用。

对于加密管道数据库，还需要进行访问控制、权限控制、监控和审计，以保证数据库的安全。

此外，办公网中的管道数据安全保护，还包括依赖于办公网自身已经采取的各种安全防护措施，如 VPN 网关、防火墙、杀毒软件等。

4. 外网层

在 Internet 网络与办公网之间通过防火墙、VPN 网关等防护产品进行连接。办公网中的管道数据，均采用坐标加密的方式进行加密，所以办公网中的数据安全是有保障的。Internet 网络与涉密网并没有直接连接，外界无法直接访问，所以原始管道数据的安全是有保障的。

三、关键技术

1. 涉密数据库物理隔绝

针对管道数据，建立两套管道数据库：一套是含有管道测绘成果资料，与 Internet 物理断开的真实管道数据库，在涉密网络内运行，供管道数据维护系统、专业分析等系统使用；一套连接到办公网络的加密管道数据库，供各种业务系统使用。

为保证两套管道数据库的安全和正常使用，需要设立专用的管道数据库服务器，并采用具有冗余校验功能的磁盘阵列存储数据库中的数据。

（1）定期备份

建立备份机制，定期对管道数据库中的数据进行备份，备份介质可采用光盘或磁带，对备份的这些介质应妥善保管，必要时可实现异地存储。管道完整性数据库需要具有全备份支持，应该能够每周 7d，一天 24h 运行，并应该设计日常的备份计划，实现合适的维护或灾难恢复功能。同时，保证将停机时间和数据损失降至最小。当发生灾难时，可以立即采用经过试验证明的并且可靠的技术方法，帮助管道完整性数据库免于丢失关键的业务数据。

（2）数据库的存取控制

管道业务存在着多个子系统，每个子系统都需要使用管道完整性数据库中的数据，这些子系统通过数据库进行数据交换与存储，每个子系统都从数据库中获取数据，因此，系统设计时首先按子系统进行管道数据存取权限的划分，将子系统作为用户级对待，为每个子系统设定数据访问权限，通过定义不同的用户连接使每个子系统在连接到管道数据库时就划分了对数据库表的访问权限。在此基础上各应用子系统内部再根据访问要求划分多个用户级别，通过建立用户权限表限制各级用户对数据的增、删、浏览等操作权限。

（3）安全审计

审计是对选定的用户动作的监控和记录，主要用于审查可疑的活动和管道数据库连接，主要包括：对管道数据被非授权用户所删除进行审计；对数据库的所有表的成功地或不成功地删除进行审计；监视和收集关于指定数据库活动的数据。

2. 数据处理交换

两套管道数据库之间利用数据处理交互方法进行数据传输共享使用。对管道所有空间数据的维护，都是在物理隔离的管道完整性数据库中进行，以该库的管道空间数据为基础，将管道数据进行处理后，更新和替换到公开的管道完整性数据库。对管道进行管理的业务数据，都是在公开的管道完整性数据库中进行，以该库的管道管理数据为基础，将重要的业务管理数据，更新和替换到物理隔离的管道完整性数据库，具体处理交换过程如图 4－2 所示。

3. 其他技术

为保证管道数据安全，除采用上述两种技术外，还可从以下几个方面着手进行相应的工作：

图4-2 管道完整性数据库数据处理交换示意图

（1）数据安全管理制度

1）对涉密信息进行分类，确定密级，对不同密级的管道数据采取不同级别的保护手段，保证涉密信息的科学化管理；

2）对信息的使用者进行分类，实现分级管理，非涉密人员不得使用涉密计算机和涉密信息，不得拷贝涉密信息，涉密人员需按照安全保密规定，签署相关的保密协议，明确要求与责任，并保证数据信息的安全使用，涉密人员离岗时，应及时收回涉密计算机及移动存储设备。

（2）监督审计

1）对各种涉密计算机及移动存储介质实行全过程统一监管；

2）对计算机、移动存储设备及各种资料，按照涉密和非涉密实行分类管理、分开控制使用，禁止涉密设备连接到公共网络中，禁止使用非涉密计算机存储、采集和传输涉密信息，禁止将非涉密移动存储介质在涉密计算机中使用；

3）禁止通过公共网络，以邮件及其他网络通信技术的方式进行涉密信息的传播；

4）禁止涉密计算机连接到外部打印设备上；

5）加强对出差中使用的移动设备的审批检查工作。

（3）安全技术

1）对涉密信息进行及时备份；

2）加强工作环境的安全，如定时升级防火墙、杀毒软件、入侵检测系统、操作系统，并定期更换操作系统、管道数据库中的密码；

3）定期对移动设备进行安全检查。

（4）宣传培训

开展经常性、有针对性的计算机及移动存储介质保密知识教育和防范技能培训，提高涉密人员的保密意识和防范能力。

小　　结

　　本章第一节就管道完整性数据安全的总体情况进行了概述，阐述了管道数据安全工作的意义；第二节就管道数据的保密与公开两个方面对管道数据安全的现状和需求进行了分析，证明管道数据安全工作的必要性；第三节就与管道数据安全相关的技术方法进行了探讨，主要包括数据安全隐患成因、常见的问题及常用的防护技术，为管道数据安全设计提供技术支持；第四节主要讨论了管道数据安全的设计工作，参照管道数据保密与公开的需求，利用数据库加密技术实现管道数据安全保密工作，主要内容包括设计的目标与原则、安全体系架构及关键技术的讨论。

第五章　管道完整性数据分析

　　管道完整性数据分析是在管道完整性数据采集、存储的基础上对数据进行的分析评价。数据是一切分析评价的前提，从完整性管理角度来看，数据分析主要围绕着高后果区、风险评价、完整性评价进行，但数据的应用不仅局限于完整性管理，本章从地理信息技术入手对数据分析进行详细介绍，包括高后果区分析、管道风险评价等内容。

第一节　高后果区分析

一、高后果区分析依据

　　国外标准 ASME B31.8S《输气管道完整性管理》和 API 1160《危险液体的管道完整性管理系统》，规定了管道完整性管理的通用做法，国际上已经普遍接受。国内也积极推进管道完整性管理，已经分别将其转换为石油行业标准 SY/T 6621—2005《输气管道系统完整性管理》和 SY/T 6648—2006《危险液体管道的完整性管理》。根据这两个标准，管道完整性管理可分为六大步骤：数据收集与整理、高后果区分析、风险评价、完整性评价、维修与维护、效能评价与改进，这六个步骤组成一个完整性管理循环，不断实施，持续提高。高后果区分析作为完整性管理的重要步骤，是预测、预防事故的重要手段，让管道管理者能清楚地了解可能由于管道泄漏而产生严重后果的区域。

　　中国石油天然气集团公司根据高后果区管理需求，在现有基础地理数据的基础上开展高后果区分析。分析按照中国石油天然气集团公司企业标准——Q/SY 1180.2《管道完整性管理规范　第 2 部分：管道高后果区识别规程》要求进行。评价方法采用地理信息系统技术，通过空间数据与属性数据结合进行高后果区分析。最后结果按照 Q/SY 1180.2《管道完整性管

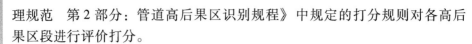

理规范　第 2 部分：管道高后果区识别规程》中规定的打分规则对各高后果区段进行评价打分。

二、数据采集基础及数据分析

综合第二章介绍的数据采集流程和方法，建立起符合 PIDM 管道数据模型的管道完整性数据库。管道高后果区分析需要人口环境方面的数据，包括管道沿线的人口、交通、河流等的分布。

1. 人口状况统计分析

人口状况主要依据管道两侧建筑物的情况进行统计。对于管道经过的城区，如市、县、乡、镇等，由于其交通发达、建筑物集中，普遍为三类或四类地区。除此之外，管道两侧还零星分布有村庄，对于这些地区，一旦管道发生泄漏事故，也可能会造成人员的重大伤亡。

2. 交通状况统计分析

管道交通状况主要统计分析了沿线的公路及铁路。其中，公路的统计主要是指高速公路、国道、省道。

3. 工厂仓库统计分析

主要统计分析管道两侧分布的仓库、工矿企业，以及油库、加油站等易燃易爆地区。

4. 河流水源统计分析

管道两侧分布的单线河、双线河、时令河，以及池塘、蓄水池等，这是高后果区分析考虑的一个重要因素。

5. 地上设施统计分析

地上设施类型主要指高压线、高架电话线、空中索道。

6. 埋地设施统计分析

埋地设施主要是指埋地电线、埋地光缆、供水管道、废水管道。

7. 外部油气管道统计分析

主要分析管道沿线的外部输油管道、外部输气管道两种类型。

8. 自然保护区

统计管道两侧临近的自然保护区。

三、高后果区分析

高后果区分析采用地理信息系统的空间分析技术，如缓冲区分析、线性参考技术等。基于管道完整性管理系统的空间地理数据库，采用空间分析功能，来准确获取高后果区管段。GIS 技术为高后果区方便、准确、快捷的分析提供了支持。

高后果区分析采用"管道高后果区分析软件" PipeHCA™ 进行评价。PipeHCA™ 是以 APDM 管道数据模型为基础，采用 GIS 开发技术编制而成的。软件的油管道 HCA 分析功能内含了基于《管道高后果区识别规程》的识别及打分算法，图 5－1 为输油管道高后果区分析的打分原理图。

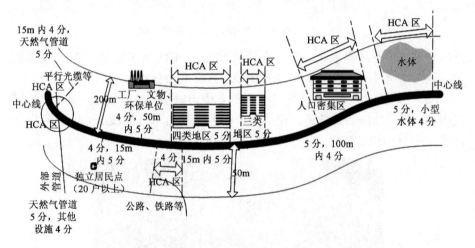

图 5－1　输油管道高后果区分析的打分原理图

具体的输油管道高后果区分析规则可参见中国石油天然气集团公司企业标准——Q/SY 1180.2《管道完整性管理规范　第 2 部分：管道高后果区识别规程》。

以国内某输油管道为例。在此次的高后果区分析中，主要进行了以下分析步骤：数据收集、数据整合与处理、区域等级分析、环境敏感区（含主要交通设施）分析和威胁分析。图 5－2 为高后果区分析流程图。

1. 数据源与数据质量

通过野外调绘和数字矢量化等手段，收集了管道中心线及其附近地区的基础地理等空间和属性数据。基础地理数据包括水文、建筑物、交通设施、

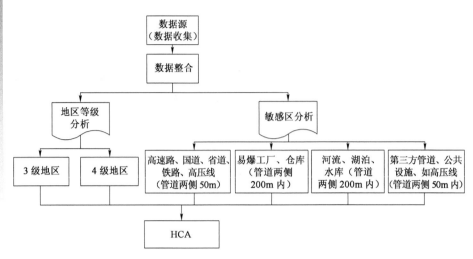

图 5-2　某输油管道的高后果区分析流程图

外部管道、生态区等数据。数据存储格式为 ArcGIS 的多义线和多边形要素类，地图比例尺为 1∶50000，投影坐标为 Gauss-Kruger 投影。

图 5-3 展示了某管道两侧各 1000m 范围内的基础地理数据。多边形图层代表建筑物，细线表示管道，粗线为分析后的高后果区管段。遥感影像为分辨率 0.61m 的快鸟影像。

图 5-3　国内某管道高后果区识别图

2. 数据整合

经过数据处理，将所有数据（管道中心线和基础地理数据）整合录入到遵循 PIDM 管道数据模型的空间地理数据库中。

3. 区域等级分析

基于居民区等建筑物数据，进行了区域等级分析。最终，划分出 30 个四级地区，129 个三级地区。三级和四级地区管段总长约 315km，占管道总长的 25%。

4. 敏感区分析

美国安全办公室将异常敏感区作为当管道发生事故时可能会更容易遭受到长期的、永久破坏的地区，这些地区包括一些饮用水源地和生态区等。国外有关学者 Freeman B 曾将异常敏感区划分为饮用水源地和生态区。

根据国内某输油管道的实际情况，考虑到更多的因素，它们包括，主要交通设施，如铁路、高速公路、国道和省道；河流、湖泊以及蓄水池等水体；高压线、埋地光缆等设施；易燃易爆工厂、仓库；外部管道等。

图 5-4 显示了由 PipeHCA™ 软件分析出来的一个高后果区段。从图中可以清楚地看到河流和一些高压线设施是造成此地区为高后果区的主要因素。计算得到这个高后果区段的起始里程为 44.961km，结束里程为 47.067km。

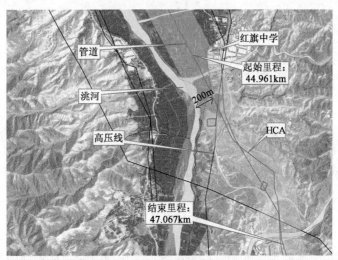

图 5-4　敏感区内的高后果区段

5. 威胁识别

威胁识别的目的是对高后果区管段采取有针对性的完整性评价手段与方法，并提出相应的减缓措施。

根据此输油管道的历史失效案例和实际情况，通过野外调查，主要确定和识别了第三方破坏与地质灾害两种主要威胁。

在 2005 年，通过野外查勘在高后果区内识别出了 15 处自然与地质灾害点。对于受到地质灾害威胁的管段，提出了以下额外的预防性措施：增加巡线频次；增加管道的外部保护；减少外部应力；对于严重地段，建议改线。

图 5-5 展示了管道高后果区分析结果统计表。

序号	起始里程	结束里程	长度（米）	识别描述	①	②	③	④	⑤	⑥	⑦	⑧	HCAs总分	存在的威胁描述	外腐蚀	内腐蚀	第三方破坏
1	0	5500	5500		15	0		147	15	46	0	55	4	282		0	0	0
2	5607.655395	6201.642842	593.987447		0	0	0	0	13	0	5		0	18		0	0	0
3	6453.584689	6555.615858	102.031169		0	0	0	0	0	0	5		0	5		0	0	0
4	6798.302009	6903.538868	105.236858		0	0	0	0	0	0	5		0	5		0	0	0
5	7000	10160.69671	3160.69671		0	4	0	4	73	0	5		0	94		0	0	0
6	10363.29	10447.06381	83.7738133		0	0	0	0	0	0	5		0	5		0	0	0
7	10500	12500	2000		0	4	12	4	17	0	0		0	37		0	0	0
8	13015.29	15000	1984.71		0	4	13	4	4	0	10		0	35		0	0	0
9	15706.05744	24000	8293.94256		0	16	8	16	99	0	130		0	269		0	0	0
10	24838.76	25060.88409	222.124085		0	0	0	0	0	0	5		0	5		0	0	0
11	25272.75736	25506.36059	233.603235		0	0	0	0	0	0	5		0	5		0	0	0
12	26419.23	26717.10374	297.873745		0	0	0	0	0	0	15		0	15		0	0	0

注：表头为 HCAs统计表；管道名称：；管径：φ；HCAs识别分类得分

图 5-5　国内某管道高后果区识别列表

根据分析结果发现，导致管道高后果区的三个主要影响因素为高密度人口区，季节性河流和国道、省道等主要道路设施。

为了对高后果区管段提供更合理、更适合的预防与减缓措施，保证管道的安全运营，提出了以下建议：

1）对由于高密度人口导致的高后果区管段，建议对其周边居民进行管道安全宣传，并进行相关的紧急避险等演练。

2）对由于河流等导致的高后果区管段，应检查穿越河流处的管道埋深，发现不足应立即改正。

3）对由于铁路、高速路、国道和省道等导致的高后果区管段，应加强穿越处套管的检测。

4）及时修复高后果区管段的管道缺陷。

5）监测已经发生和潜在发生的地质灾害点（如滑坡），增加这些地区的巡线次数。

6）监测管道附近的开挖施工。若发现未经报告的施工作业，管道运营商应立即展开施工处管道的机械损伤检查。

7）对所有高后果区管段进行风险评价，确定每个高后果区管段的再评估时间间隔为1年。

第二节　管道风险评价

风险是事故发生的可能性与其后果的综合。管道风险评价是指识别对管道安全运行有不利影响的危害因素，评价事故发生的可能性和后果大小，综合得到管道风险大小，并提出相应风险控制措施的分析过程。

管道风险评价针对的主要对象是管道系统的线路部分，对于油气站场一般只是将它看做一具有截断功能的阀门，在失效后果分析中予以考虑，即不考虑因站场的失效事故。管道风险评价一般采用以下流程：

从图5-6中可以看出，在进行风险评价前，一般先要进行数据收集。部分数据可以从管道企业的数据库中提取，部分数据需要通过管道沿线踏勘取得。然后需要划分管段，一个管段是一个风险评价单元，对应到一段或长或短的管道，最后会有自

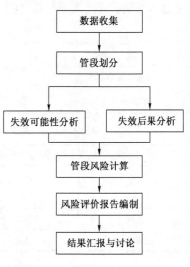

图5-6　管道风险评价流程

己的风险值。然后开始进行管道的失效可能性分析和失效后果分析，并计算综合得到管道的风险值。完成风险计算后，需要编制风险评价报告，并与相关方，如管道管理者，对结果进行讨论。

一、风险评价数据基础

基于管道完整性管理系统的数据采集和竣工资料数字化、录入整理，用

于该输油管道风险评价的数据主要有：1）管道本体属性数据；2）环境属性数据；3）工艺属性数据；4）检测、监测数据；5）失效历史数据；6）管理数据和其他数据。以国内某管道风险评价为例，各项数据具体内容如下：

1）管道本体属性数据，评价过程用到的管道本体基本属性数据如表5-1所示。

表5-1　管道本体属性

属　　性	值	属　　性	值
管道外径	508~323.9mm	壁厚	7.1~11.1mm
规定最小屈服强度（SMYS）	414~359MPa	焊缝	SAW
防腐层类型	3PE	投产日期	2002.9.29

2）环境属性数据，根据初步估算，该管道沿线的气候，95%为非冰冻期，5%为冰冻期。管道周围平均气温、风向、风速等属性见表5-2至表5-4。

表5-2　管道周围平均气温表

类　　别	平均气温	所占比例
非冰冻期平均气温	16℃	95%
冰冻期平均气温	-3℃	5%

表5-3　管道沿线的风向

风　　向	所占比例	风　　向	所占比例
北风	10%	南风	10%
东北风	0	西南风	0
东风	10%	西风	10%
东南风	30%	西北风	30%

表5-4　管道沿线风速

类　　别	风　　速	所占比例
稳定风速	2 m/s	67%
不稳定风速	5 m/s	33%

该管道沿线土地用途大部分为农田，管道周围有大量地表河流，并且地下水充足，土壤腐蚀性较高。管道与大量河流、公路、铁路等交叉，有大量穿跨越。沿线管道高程有较大变化，最高点与最低点海拔相差有一千多米。

3）工艺属性数据，预计最大运行压力为11.22~9.8MPa，日常运行压力

为 $6 \sim 2MPa$，流速为 $155 \sim 97.3\ kg/s$，油品温度为 $10^{\circ}C$，压力循环次数频繁，每年平均 37 次。管道阴保电位充足，不存在电位偏移。

4）检测、监测数据，该数据是通过管道全线的智能内检测获取。

5）失效历史数据，该管道自投产运行至今，共发生了 7 起第三方破坏事故，绝大部分是打孔盗油。

6）管理数据，巡线工作是每天一次，采用地面巡逻的方法。管道管理公司通过散发印有管道保卫知识的扑克牌等方式大力宣传，加强了管道周围民众的管道保护意识，并在重要路口设置了值班岗哨，安排当地民警值班，对偷油分子起到了强大的威慑作用。

7）其他数据，初步估算，探测到小型泄漏的平均时间为 48h，因为小型泄漏一般只能通过地面巡线或第三方通知探测到。而定位和修复小型泄漏所需时间，取值为 12h。

二、失效数据统计

收集和分析以往的管道失效事故对管道风险评价和风险控制具有非常重要的意义。管道各种失效数据的收集，主要包括穿孔、断裂、过量变形与表面损伤，以及事故地点、时间、人员伤亡、经济损失等情况。

国外很早就开始收集管道的失效数据，并按照一定规则进行分类存储。国外主要的失效数据库有：

1）美国 DOT 管道失效库；

2）欧洲 EGIG 管道失效库；

3）加拿大 NEB 管道失效库；

4）英国 UKOPA 管道失效库。

下面介绍一些管道失效的统计结果。

当前全世界在用管道总长达 $350 \times 10^{4} km$，其中旧管道占总数量的一半以上，如何评价这些管道的状况，保证既安全又经济地运行，是管道完整性管理评价需要解决的主要问题。

2002 年美国管道的长度分布情况以及世界各国管道总长度如表 5 - 5 以及图 5 - 7 所示。美国 $100 \times 10^{4} km$ 在用管道中超过 50% 已使用了 40 年以上，许多油气输送管道达到设计寿命后，还可以继续使用 $25 \sim 50$ 年，但是需要进行深入细致的评估。美国运输部估计今后 10 年需要新铺设 $8 \times 10^{4} km$ 管道，但仍有 $40 \times 10^{4} km$ 的管道将继续使用 50 年。俄罗斯的油气管道，20% 已经接近设计寿命, 今后 15 年内数字将增大到 50% 。到 2000 年, 西欧 31×10^4 km 油气管道中超过 42% 已经使用了 35 年以上, 只有 11% 使用期限低于 10 年。

表 5-5   2002 年美国管道的长度分布

项目	天然气管道				液体燃料管道
	长输管道		集输管道		
	陆上	海上	陆上	海上	海上/陆上
总长	482099km	9939km	25549km	5368km	257389km
小计	492038km		30917km		
	525955km				
合计	783344km				

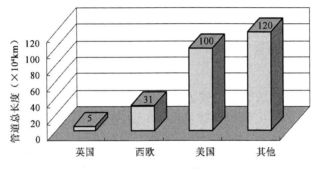

图 5-7   世界各国管道总长度

欧洲天然气管道不同事故比例如图 5-8 所示。

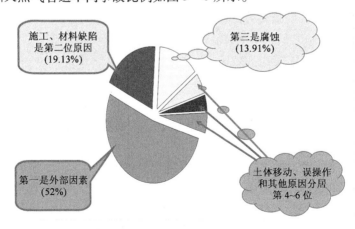

图 5-8   欧洲天然气管道不同事故比例图

世界各国油气管道发生事故的原因和造成的损失如表 5-6 所示。美国运输部 1996—1999 年事故统计情况如表 5-7 所示。1986—2003 年美国管道事故次数和造成的损失如表 5-8 所示。从表 5-6 中可以看出，第三方造成的损伤和操作错误占主要管道事故的 1/3 ~ 2/3，可见管道的完整性不仅仅是一个技术问题，更重要的是要持续不断地提高整体管理水平。

表 5-9 所列的为美国主要管道事故统计数据。

表 5-6　各国 1984—1992 年油气管道事故率及其原因比较

事故原因所占比例	美国输气管道	欧洲输气管道	加拿大输气管道
第三方造成损伤（%）	40.4	52	12.6
腐蚀（%）	20.4	13.91	11.60
材料和施工缺陷（%）	12.7	19.13	34.3
操作错误（%）	26.4	14.9	41.5
事故率（次/千英里年）	0.26	1.85	2.93

注：据美国天然气学会（AGA）统计（1984—1992 年）。

表 5-7　美国运输部 1996—1999 年事故统计　　　　单位:%

失效原因	1996 年	1997 年	1998 年	1999 年
内腐蚀	8.2	23.9	14.3	18.94
外腐蚀	9.8	7.6	8.2	0.93
外力损伤或误操作	50.7	41.8	36.7	32.12
建设期损伤和材料缺陷	9.6	11.9	19.4	38.17
其他	21.9	14.9	21.4	9.82

表 5-8　1986—2003 年美国管道事故次数和造成的损失

项　　目	统计起止时间	事故次数	死亡人数	受伤人数	财产损失（万美元）
输气管道	1986/1/1—2003/8/31	1371	59	224	32833
配气管网	1986/1/1—2003/8/31	2357	295	1346	29425
危险液体管道	1986/1/1—2003/8/31	3270	251	251	84549
总计	1986/1/1—2003/8/31	6998	1821	1821	145807
年平均	—	373.2	20.9	97.1	7776.4

表 5 - 9　美国 1987—2006 年主要管道事故统计

年份（年）	事故次数	死亡人数	受伤人数	经济损失	总损失桶数	收回桶数	净损失桶数
1987	346	14	150	$44133250	395649	82955	312694
1988	320	27	144	$79543981	198111	83701	114410
1989	277	45	157	$52496496	201504	78759	122745
1990	254	9	76	$46034295	123827	69384	54443
1991	279	14	98	$75012740	200210	144635	55575
1992	284	15	118	$90266210	136769	68122	68647
1993	293	17	111	$82849957	116132	58914	57218
1994	326	22	120	$200158673	163920	50135	113785
1995	259	21	64	$63547662	109931	56968	52963
1996	301	53	127	$136917574	160188	59334	100854
1997	267	10	77	$92708436	195421	82307	103114
1998	295	21	81	$146608195	149348	88623	60725
1999	275	22	108	$149562559	167082	62637	104445
2000	290	38	81	$216460888	108614	51669	56945
2001	233	7	61	$66491672	98046	20717	77329
2002	258	12	49	$111606156	85663	183295	77268
2003	295	12	71	$132219759	80041	29587	50454
2004	328	23	60	$267703149	88145	19636	68508
2005	359	16	47	$1066510874	137051	91234	45817
2006	258	19	32	$118255356	136245	82475	53770
合计	5797	417	1832	$3239087882	3061899	1310188	1751711
5 年平均数 （2002—2006 年）	300	16	52	$339259059	107430	48266	59164
10 年平均数 （1997—2006 年）	286	18	67	$236812704	125566	55728	59164
20 年平均数 （1987—2006 年）	290	21	92	$161954394	153095	65509	69838

数据来源：美国管道安全办公室网站。

俄联邦生态、工业及核工业监督局2007年8月对俄罗斯境内所有油气生产企业进行了检查，并将针对检查结果来进一步加强对油气管道的安全监督。截止到2006年，俄罗斯干线油气管道总长度为23.1×10^4km，其中干线天然气管道为16.11×10^4km，干线原油管道为4.9×10^4km。2006年俄境内油气田开发及干线油气管道运输领域共发生了53起事故，死亡32人，分别比2005年降低了20%和13%。由于采取了有效措施使输气设施的事故率逐渐下降，目前的事故平均指标是0.14次/1000km/a，而2002年的数据为0.21次/1000km/a。

1991—2005年加拿大管道断裂事故的统计数据如图5-9和表5-10所示。

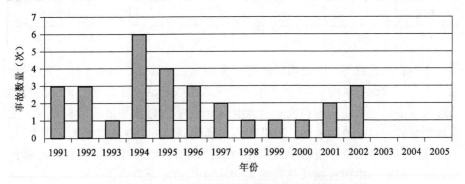

图5-9　1991—2005年加拿大管道断裂事故数量统计

表5-10　加拿大管道断裂事故主要起因

年份	金属损失	裂纹	外力破坏	管材、管厂或施工缺陷	地质灾害	其他原因
1991		2		1		
1992	1	1				1
1993			1			
1994	2	1			1	2
1995	1	3				
1996	2	1				
1997	1				1	
1998						1
1999		1				

年份	金属损失	裂纹	外力破坏	管材、管厂或施工缺陷	地质灾害	其他原因
2000				1		
2001	1	1				
2002		1				2
2003						
2004						
2005						
合计	8	11	1	2	2	6

中国石油天然气集团公司目前有在役油气长输管线 3 万多千米，20 世纪七八十年代投运的有约 6000 多千米，已进入服役后期，多数管道采用的石油沥青防腐层已达到使用寿命而严重老化，加上早期材质和制造质量不佳，发生泄漏事故的风险急剧增加。2000 年以后新建的管道则普遍口径大、压力高，一旦在人口稠密区或环境敏感区发生泄漏，极易导致恶性人员伤亡或环境污染事故。目前，中国石油天然气集团公司也开始建设自己的失效库，并已经收集了大量管道失效数据。图 5-10 所示为国内某天然气管道失效事故统计。

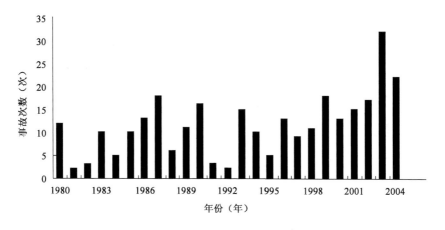

图 5-10　国内某天然气管道失效事故统计图

对于失效事故原因的统计分析如图5‑11所示。

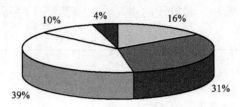

第三方破坏—16%；腐蚀—31%；焊缝缺陷—39%；管子缺陷—10%；运营误操作—4%

图5‑11　1980—2004年国内某管道失效原因分类饼图

三、风险评价

管道风险评价方法通常按照结果的量化程度可以分为三类：定性方法、半定量方法和定量方法。定性方法评价结果一般为风险等级或其他定性描述的结果；半定量方法一般为指标体系法，结果为一相对数值，用其高低来表示风险的高低；定量方法一般结果也是数值，也用其大小来表示风险的高低，但此数值有实际意义。常用到的风险评价方法如表5‑11所示。

表5‑11　管道风险评价方法一览表

方　法　名　称	方　法　类　别	主　要　用　途
风险矩阵	定性方法	风险分级
安全检查表	定性方法	合规性审查
Kent打分法	半定量方法	系统的风险评价
基于失效库的定量方法	定量方法	系统的风险评价
故障树分析	定性方法或定量方法	危害因素识别、失效可能性分析
事件树分析	定性方法或定量方法	失效后果分析
数值模拟	定量方法	失效后果分析

定性评价方法通常比较简单，易于理解和使用，但一般具有较强的主观性，需要大量的经验判断。定量评价方法通常比较复杂，采用了大量计算公式和经验模型，需要较多数据。

以Kent打分法为例，以某管道数据为基础，简要介绍其风险评价过程和结果。

管道全长为330.970km，管径为529mm，设计压力为6.4MPa，设计年输

油能力为 $750 \times 10^4 t$。根据管道分段原则，结合现场调查、专家咨询意见，将此管道划分为 13 个管段。各管段的主要情况如表 5-12 所示。

表 5-12　各管段主要情况

管段	管径（mm）	壁厚（mm）	管材	制管方式	线路长度（km）	设计压力（MPa）	地区等级	埋地深度（m）	防腐形式	地形地貌	地震烈度	土壤腐蚀度
1		7/9			32.10					半丘陵、平原		强
2					30.40							
3					32.50							
4					23.50							
5	529	7/8	16Mn	螺旋焊缝钢管	33.55	6.4	三级	1.0 ~ 2.5	石油沥青加强防腐	平原	VII	中
6					26.18							
7					24.45							
8					34.65							
9		7/9			29.40							
10					24.90							
11		7/8			34.60							
12	720	8/9			17.03					半丘陵、平原		强
13	720	7/8			17.35							

采集 Kent 打分法主要基础属性数据，并对管道沿线进行踏勘后，小组讨论，进行分析评价。以管段 1 第三方破坏为例，得分情况如表 5-13 所示。

表 5-13　管段 1 的第三方破坏得分

项目	管道最小埋深	地面工厂、建筑物	交通条件	建设活动水平	通信保障系统	村镇社会治安状况	村镇文明建设	线路标志	合计
范围	0~20	0~10	0~15	0~15	0~10	0~10	0~10	0~10	0~100
管段 1	15	6	14	10	9	9	9	9	81

同样对其他几项指数进行分项评分后可以得到管段 1 的各项指数得分如表 5-14 所示。

表 5 - 14　管段 1 的得分

指　　数	得　　分	取 值 范 围
腐蚀	66	0 ~ 100
设计	63	0 ~ 100
误操作	77	0 ~ 100
第三方破坏	81	0 ~ 100
后果	7.69	—

管段 1 的风险值可以通过此式计算：

相对风险评估值 = （66 + 63 + 77 + 81）÷ 7.69 = 37.3

对每个管段重复上述计算过程，可得到此管道风险结果，如图 5 - 12 所示。

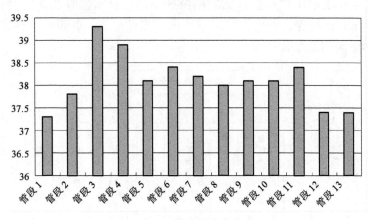

图 5 - 12　管道风险分布图

第三节　管道完整性评价

　　管道完整性评价主要以内检测数据为基础，其主要目的是通过检测等手段，找出管体缺陷（金属损失、凹陷、外接金属物等缺陷），给出针对性修复计划，消除管体缺陷危害。管道研究中心根据多年来管道检测数据并结合我国管道检测及修复现状，综合考虑使用习惯，以 Microsoft Visual C# 2008 为工具，以简单实用为目的，独立开发出了管道完整性评价软件 PIA，作为管道完整性评价的主要评价工具。本节以该软件为例，讲述管道完整性评价中的数据分析过程。

该软件简便实用，重要操作采用向导式说明，使新接触该软件的人可以尽快掌握。软件根据内检测缺陷特征数据在管道上的时钟方位用点的方式在管道示意图上描绘出来，将焊缝根据检测里程的位置也绘制出来，使检测管道上的缺陷分布更为直观，定位更为迅速准确。该软件在参数设置上更为灵活，在进行金属损失评价时，可以选择多个评价方法，也可以查看同一个评价方法的不同安全压力下的曲线分布；既可以查看不同 E. R. F 值下的缺陷分布情况，也可以查看不同深度值下的缺陷分布情况。软件具有多样的统计方式，既可以统计时钟方位上的缺陷，也可以统计缺陷沿管道的分布情况，还可以统计不同缺陷特征所占的比重。

软件系统根据用户所选择的缺陷特征不同，自动选择相应的评价方法，并自动生成评价报告，评价报告可以输出为多种格式。管道完整性评价系统功能图如图 5 - 13 所示。

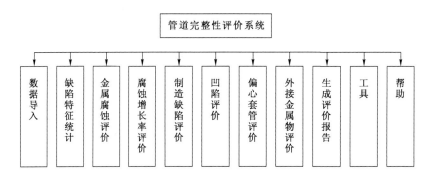

图 5 - 13　管道完整性评价系统功能图

一、完整性评价的三种方法

开展完整性评价，首先应确认对所评管道适用的评价方法。完整性评价方法主要有内检测评价法、压力试验法和直接评价法等。完整性评价的各种方法都有一定的优点和针对性，同时也有一定的局限性，管道管理者应根据管道的状况来选择合适的评价方法。

（1）内检测评价法

通过内检测，找出缺陷，根据缺陷尺寸评定管体完整性。内检测评价法评价效果最佳。

（2）压力试验法

通过打压试验，暴露不能够承载的缺陷。对在役管道，该方法受停输、清管、污水处理等条件的制约；此外，容易造成某些缺陷恶化，增加风险。

（3）直接评价法

通过地面检测、开挖验证等综合分析管道整体状态。此方法对缺陷数据采集不全面，评价不充分。

二、内检测数据准备

由于内检测数据可能有多方提供（一般是由内检测单位提供，如图 5 - 14 所示），他们提交的内检测结果就有可能各不相同。另外，这些提交结果中所有特征（包括缺陷）都是混合在一起的，要对某一种缺陷特征进行评价，必须要对这些特征进行区分。基于这样的目的，完整性评价软件对每次内检测数据都建立一个本地数据库（Access 格式），通过软件自身的数据导入功能（如图 5 - 15 所示），将内检测数据导入到软件自身定义的库结构中。系统对所有缺陷的统计和分析都是基于该本地数据库。

	A	B	C	D	E	F	G	H
1				Pipeline Listing				
2								
3								
4	Linyuan (New Line) to Xinmiao (New Line)							
5								
6	Upstream Girth Weld	Relative Distance (metres)	Absolute Distance (metres)	Comment	Peak Depth (%wt)	Length (mm)	ERF	Orientation (hrs:mins)
7	10	0.0	0.5					
8		0.0	0.5	LONGNL SUB ARC WELD START				
9	20	0.4	0.9					
10		0.0	0.9	SPIRAL WELD START				
11		0.4	1.3	25 MM OFFTAKE-WELDOLET				12:00

图 5 - 14　内检测数据

三、内检测数据统计

对内检测数据的统计，是要回答这样的问题：所检测管道的缺陷有多少？有什么样的缺陷类型？各缺陷类型所占比重是多少？这些缺陷在管道上是如何分布的？管道完整性评价软件 PIA 可有效统计出检测管道上的缺陷种类以及这些缺陷所占的比重，缺陷数量沿检测管道的分布情况，缺陷沿检测管道

图5-15　完整性评价软件的数据导入界面

的时钟方位分布情况，缺陷深度沿检测管道的分布情况等。图5-16、表5-15、表5-16分别展示了软件的统计功能和统计结果的输出。通过这些图表，就可以很明显地看出目前管道缺陷状况。

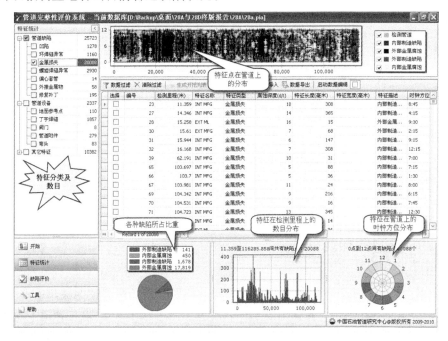

图5-16　完整性评价软件的图形统计功能

表 5 – 15　完整性评价软件的统计结果输出

特　　征			数　量
金属损失	外部金属损失	EXT ML	41565
	内部金属损失	INT ML	173
	外部制造缺陷	EXT MFG	4004
	内部制造缺陷	INT MFG	2375
合计			48117
凹陷		Dents	762
外部金属物		Ferrous Metal Objects	35
螺旋焊缝异常		Spiral Weld Anomalies	331
环焊缝异常		Girth Weld Anomalies	138
偏心套管		Eccentric Pipeline Casings	3
修补套筒		Shell Repairs	3
补丁		Patch Repaired Spools	57
合计			49446

表 5 – 16　金属损失（腐蚀）深度统计表

轴向长度 ≤3t（管道壁厚为 t）的金属损失特征共 31707 个	
最大深度 ≤20% t	28539
20% t < 最大深度 ≤40% t	3097
40% t < 最大深度 ≤60% t	69
最大深度 >60% t	2
轴向长度 >3t 的金属损失特征共 16411 个	
最大深度 ≤20% t	15079
20% t < 最大深度 ≤40% t	1266
40% t < 最大深度 ≤60% t	59
最大深度 >60% t	7

四、内检测数据评价

面对已知的高风险因素，应提出如下问题：

1）什么时间会再发生泄漏？位置在哪里？

2）应该如何应对？

3）安全运行压力是多少？

4）这条管道还能用多少年？

完整性评价软件就是积极应对，对管道缺陷进行预控，赶在事故发生前就消除隐患。

完整性评价软件可以对金属腐蚀的剩余强度、腐蚀增长率、制造缺陷、凹陷、外接金属物和偏心套管等管道缺陷进行评价。在此仅列举针对腐蚀增长率的评价。

第一步：设定腐蚀增长率的计算方式，选择是按半周期计算还是按全周期技术。

然后点击【下一步】按钮。如图 5-17 所示。

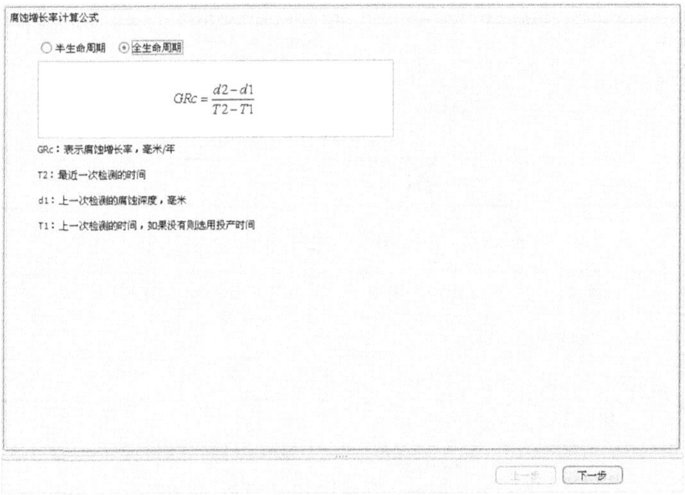

图 5-17　设定腐蚀增长率的计算方式

第二步：计算腐蚀增长率并进行动态分段，如图 5-18 所示。

1）首先要设置管段参数，可以下拉选择管材，也可以手动输入。

2）核准内检测数据状况：是仅此一次内检测还是多次。如果是仅此一次内检测，那么就从投产时间算起；如果是多次，还需要载入上一次的内检测数据，按照二次内检测时间差来计算。

3）进行动态分段。

第三步：点击【下一步】按钮，准备生成修复列表，如图 5-19 所示。

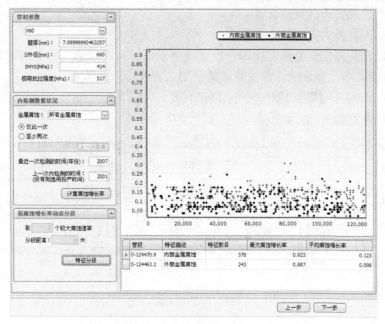

图 5 – 18　依据数据动态分段

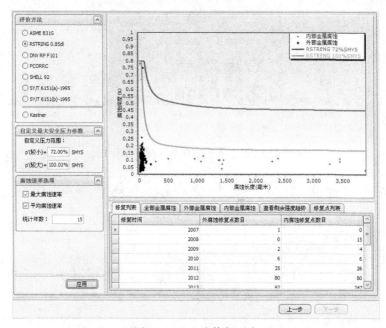

图 5 – 19　生成修复列表

4）首先要选择评价方法。

5）设定最大安全压力参数。

6）设定判别修复点使用哪一个腐蚀速率，如果同时选中最大腐蚀速率和平均腐蚀速率，那么统计修复点时就采用二者较保守的那个。

7）点击【应用】按钮，生成修复列表。

8）查看修复点，如图 5-20～图 5-22 所示。

图 5-20　金属腐蚀结果统计

图 5-21　外部金属腐蚀结果统计

图 5-22　内部金属腐蚀结果统计

9）查看剩余强度，如图 5 - 23 所示。

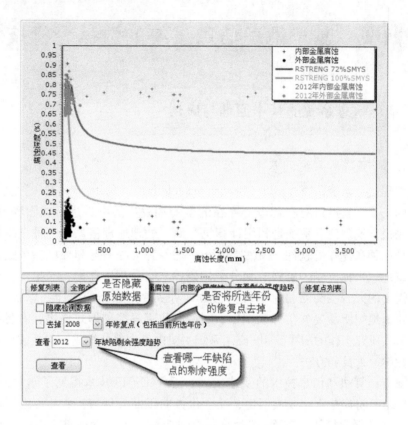

图 5 - 23 剩余强度列表

10）点击【修复点列表】选项页查看修复点，如图 5 - 24 所示。

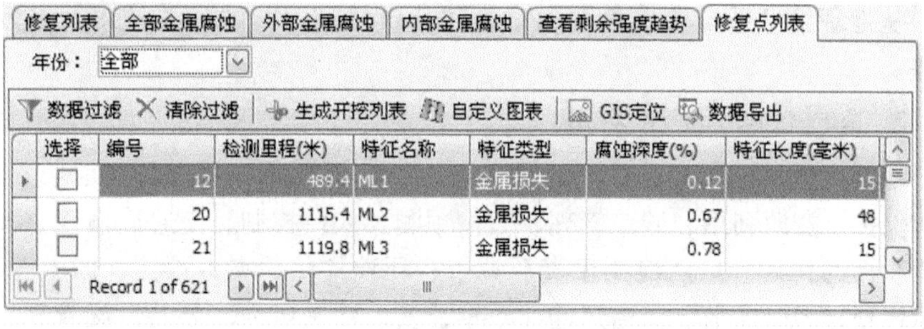

图 5 - 24 修复点统计

第四节　基于地理信息系统的数据分析技术

一、地理信息系统的基本原理与应用

1. 地理信息系统的基本内容

地理信息系统，简称 GIS（Geographic Information System），是一种基于计算机的工具，它可以对在地球上存在的事物和发生的事件进行成图和分析。一般来说，地理信息系统是利用计算机存储、处理地理信息的一种技术与工具，是一种在计算机软件、硬件支持下，把各种资源信息和环境参数按空间分布或地理坐标，以一定格式和分类编码输入、处理、存储、输出，以满足应用需要的人—机交互信息系统。它通过对多要素数据的操作和综合分析，方便快速地把所需要的信息以图形、图像、数字等多种形式输出，满足各应用领域或研究工作的需要。GIS 应用系统主要由五个部分组成，包括硬件、软件、数据、人员和方法。

随着计算机和信息技术的快速发展，近年来 GIS 技术得到了迅猛发展。GIS 系统正朝着专业化或大型化、社会化方向不断发展着。"大型化"体现在系统和数据规模两个方面；"社会化"则要求 GIS 要面向整个社会，满足社会各界对有关地理信息的需求，简言之，就是"开放数据"、"简化操作"，"面向服务"，通过网络实现从数据乃至系统之间的完全共享和互动。下面从地理信息系统技术角度来讨论和分析当前 GIS 的相关技术及其发展趋势。

2. 地理信息系统的应用

地理信息系统在国民经济建设中得到了广泛运用，特别是在地域开发、环境保护、资源利用、城市管理、灾情预测、人口控制、交通运输等方面发挥着积极的作用。广泛应用于资源调查、环境评估、灾害预测、国土管理、城市规划、邮电通信、交通运输、军事公安、水利电力、公共设施管理、农林牧业、统计、商业金融等几乎所有领域。

下面给出了地理信息系统在各领域中的应用情况。

（1）资源管理

主要应用于农业和林业领域，解决农业和林业领域各种资源（如土地、森林、草场）分布、分级、统计、制图等问题。主要回答"定位"和"模式"两类问题。

（2）资源配置

在城市中各种公用设施、救灾减灾中物资的分配，全国范围内能源保障，粮食供应等，到机构在各地的配置等都是资源配置问题。GIS 在这些应用中的目标是保证资源的最合理配置和发挥最大效益。

（3）城市规划和管理

空间规划是 GIS 的一个重要应用领域，城市规划和管理是其中的主要内容。例如，在大规模城市基础设施建设中如何保证绿地的比例和合理分布，如何保证学校、公共设施、运动场所、服务设施等能够有最大的服务面（城市资源配置问题）等。

（4）土地信息系统和地籍管理

土地和地籍管理涉及土地使用性质变化、地块轮廓变化、地籍权属关系变化等许多内容，借助 GIS 技术可以高效、高质量地完成这些工作。

（5）生态、环境管理与模拟

主要应用于区域生态规划、环境现状评价、环境影响评价、污染物削减分配的决策支持、环境与区域可持续发展的决策支持、环保设施的管理、环境规划等。

（6）应急响应

解决在发生洪水、战争、核事故等重大自然或人为灾害时，如何安排最佳的人员撤离路线并配备相应的运输和保障设施的问题。

（7）地学研究与应用

地形分析、流域分析、土地利用研究、经济地理研究、空间决策支持、空间统计分析与制图等都可以借助地理信息系统工具完成。ArcInfo 系统就是一个很好的地学分析应用软件系统。

（8）商业与市场

商业设施的建立要充分考虑其市场潜力。例如对大型商场的建立，如果不考虑其他商场的分布、待建区周围居民区的分布和人数，建成之后就有可能无法达到预期的市场和服务面。有时甚至商场销售的品种和市场定位都必须与待建区的人口结构（年龄构成、性别构成、文化水平）、消费水平等结合起来考虑。地理信息系统的空间分析和数据库功能可以解决这些问题。在房地产开发和销售过程中也可以利用 GIS 功能进行决策和分析。

（9）基础设施管理

城市的地上、地下基础设施（电信、自来水、道路交通、天然气管线、排污设施、电力设施等）广泛分布于城市的各个角落，而且这些设施明显具有地理参照特征。对它们的管理、统计、汇总都可以借助 GIS 完成，而且可以大大提高工作效率。

（10）选址分析

根据区域地理环境的特点，综合考虑资源配置、市场潜力、交通条件、地形特征、环境影响等因素，在区域范围内选择最佳位置，是 GIS 的一个典型应用领域，充分体现了 GIS 的空间分析功能。

（11）网络分析

建立交通网络、地下管线网络等计算机模型，可用于研究交通流量，进行交通规则制定，处理地下管线突发事件（爆管、断路）等应急处理。警务和医疗救护的路径优选、车辆导航等也是 GIS 网络分析应用的实例。

（12）可视化应用

以数字地形模型为基础，建立城市、区域或大型建筑工程、著名风景名胜区的三维可视化模型，实现多角度浏览，可广泛应用于宣传、城市和区域规划、大型工程管理和仿真、旅游等领域。

总之，GIS 广泛地应用于各个领域，在我国国民经济建设中发挥着越来越重要的作用。

3. GIS 与管道完整性管理的结合

管道的管理是各个石油石化企业普遍关心的问题。在传统模式下，种类繁多数量巨大的管网信息全部标注在图纸上，不仅装订存放不便，而且经过多次翻阅折叠后图纸破损，很容易造成数据丢失；紧急情况下的应变能力差，如在发生爆管时，需要迅速提供应关闭的闸门和因此影响到的管网范围。对传统管理方式，在业务量逐渐增长的情况下，已经逐渐暴露出它的不适应性：耗费大量人力物力，数据准确性不高，以及紧急情况下迅速反应能力差等。因此，必须尽快以先进的计算机技术代替传统的管理方式。由于管道信息中有大量的地理属性数据，并且所有的信息只有通过地图才能表述出来，所以一般数据库系统是无法完成的。而 GIS 的信息可视化技术可以显示、存储和处理地图数据，并将各种属性数据与地图数据有机地结合起来，特别适合石油天然气管道信息的管理。

另外，随着我国长输管道建设规模的不断扩大，管道运营过程中出现的安全问题逐渐成为行业内部乃至整个国家和社会所关注的焦点。业内专家提出的以 GIS 为实现手段，对管道进行完整性管理，是目前解决管道运营中的安全问题可采用的一种较好的方法。为了能对管道完整性进行科学有效的管理和维护，有必要借助数学、计算机科学、地理信息科学等多学科，相互结合来寻求有助于管道完整性管理的方法论。但该技术目前还没有发展成为一套全面、系统、科学的管道完整性理论和技术，而且目前国内油气管道完整性管理技术刚刚起步，许多研究领域尚属空白。对于一项庞大的长输管道工程，从工程设计到施工，再到运营，每个阶段都会产生大量的数据，使用传统纸质资料的管理方式已经远远满足不了当前管道管理的需要。由于管道完整性管理要处理大量数据，尤其是空间数据，最佳的方法就是利用 GIS 作为平台。

采用完整性管理方法，首先需要对管道数据进行建模，把管道的设计资料、竣工资料、检测数据以及设备信息等统一地用空间数据库来管理。利用管道数据模型，参考国际上管道完整性管理的理论与方法，同时结合国内管道完整性管理的实践经验，探索设计适合我国管道工业长输管道管理方法和实现过程。开发的管道完整性管理信息系统可以用于进行线路管理、风险＼完整性评估和站场管理等。实践证明，基于 GIS 的管道完整性管理在我国管道完整性管理中具有很高的应用价值。

二、空间分析技术

空间分析技术是地理信息系统的核心内容。对于管道完整性管理系统，其空间分析技术主要借助于系统中的 GIS 功能来实现空间分析，提取管道完整性管理的信息。

1. 空间分析原理与功能

目前，空间分析概念一般是指"GIS 空间分析"。国内外许多学者都对空间分析进行了研究，但是对于空间分析下定义是比较困难的，关于其定义还没有一个统一的定论，不同领域有不同的含义。我们可以简单认为 GIS 空间分析就是目前 GIS 技术可以实现的地理信息空间分析，GIS 空间分析是对地理空间中的目标的空间关系和空间行为进行描述，为目标的空间查询和空间相关分析提供参考，进一步为空间决策提供服务的技术。

由于科学技术发展水平的限制，目前 GIS 空间分析只能为人们建立复杂的空间分析应用模型提供基本工具，对于不同的专业需求，还需在现有 GIS 和其他程序设计语言相结合的基础上，进行二次开发，设计出专业性强的空间分析应用模型。智能化的 GIS 还应具有实际应用模型，智能化的 GIS 实现的空间分析功能更加详细，能够发现提取的隐含信息更多。总体来说，管道完整性数据分析技术和信息提取中应用到的空间分析功能如图 5-25 所示。

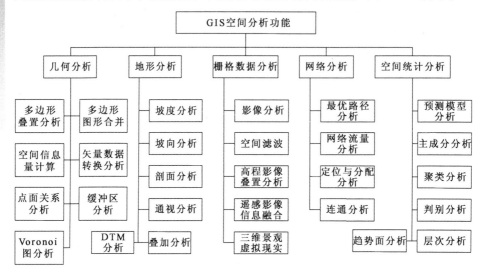

图 5-25　GIS 空间分析功能

2. 空间分析实例

空间分析技术的实现主要是通过 GIS 软件平台来实现的。管道完整性管理中需要用到的空间分析技术主要有插值生成 DEM，3D 分析、剖面提取、多边形叠加分析、缓冲区分析、坡度分析以及网络分析中的连通性分析等。

（1）插值生成 DEM

DEM（Digital Elevation Model，缩写为 DEM）是一定范围内规则格网点的平面坐标（X，Y）及其高程（Z）的数据集。它主要是描述区域地貌形态的空间分布，通过等高线或相似立体模型进行数据采集（包括采样和量测），然后进行数据内插而形成的。DEM 是对地貌形态的虚拟表示，可派生出等高线、坡度图等信息。以下主要介绍三种插值生成 DEM 的方法。

IDW（Inverse Distance Weighted），又称反距离加权插值，是一种常用而简便的空间插值方法。它以插值点与样本点间的距离为权重进行加权平均，离插值点越近的样本点赋予的权重越大。设平面上分布一系列离散点，已知其坐标和值分别为 X_i、Y_i 和 Z_i（$i = 1$，2，$\cdots$，n），通过距离加权值求 Z 值。IDW 通过对邻近区域的每个采样点进行平均值运算获得内插单元。这一方法要求离散点均匀分布，并且密度程度足以满足在分析中反映局部表面变化。

双线性插值，又称为双线性内插。在数学上，双线性插值是有两个变量的插值函数的线性插值扩展，其核心思想是在两个方向分别进行一次线性插值。

克里金（Kriging）插值法，又称为空间自协方差最佳插值法，它是以南非矿业工程师 D. G. Krige 的名字命名的一种最优内插法。克里金插值法广泛应用于地下水模拟、土壤制图等领域，是一种很有用的地质统计格网化方法。它首先考虑的是空间属性在空间位置上的变异分布，确定对一个待插点值有影响的距离范围，然后用此范围内的采样点来估计待插点的属性值。该方法在数学上可对所研究的对象提供一种最佳线性无偏估计（某点处的确定值）。它是考虑了信息样品的形状、大小及与待估计块段相互间的空间位置等几何特征以及品位的空间结构之后，为达到线性、无偏和最小估计方差的效果，而对每一个样品赋予一定的系数，最后进行加权平均来估计块段品位的方法。它是一种光滑的内插方法，在数据点多时，其内插结果可信度较高。

克里金插值法类型分常规克里金插值（常规克里金模型/克里金点模型）和块克里金插值。

常规克里金插值：其内插值与原始样本的容量有关，当样本数量较少时，采用简单的常规克里金模型内插的结果图会出现明显的凹凸现象；块克里金插值是通过修改克里金方程，以估计子块 B 内的平均值，来克服克里金点模型的缺点，对估算给定面积实验小区的平均值或对给定格网大小的规则格网进行插值比较适用。

块克里金插值：块克里金插值估算的方差结果常小于常规克里金插值，所以生成的平滑插值表面不会发生常规克里金模型的凹凸现象。按照空间场是否存在漂移（drift），可将克里金插值分为普通克里金和泛克里金，其中普通克里金（Ordinary Kriging，简称 OK 法）常称为局部最优线性无偏估计。所谓线性，是指估计值是样本值的线性组合，即加权线性平均，无偏是指理论上估计值的平均值等于实际样本值的平均值，即估计的平均误差为 0，最优是指估计的误差方差最小。

（2）3D 分析

利用空间分析中的 3D 分析技术，可以建立管道完整性管理所需要的 DEM，并生成坡度、坡向、可视性等数据。在此仅列举坡度、坡向和可视性分析三种类型。

在 ArcGIS 软件中，提取坡度具体的方法为：添加 DEM 数据并激活，从 3D Analyst 选择"Surface"的"Slope"命令；生成新的坡度图，双击左边图例，可调整坡度分级，如图 5-26 所示。

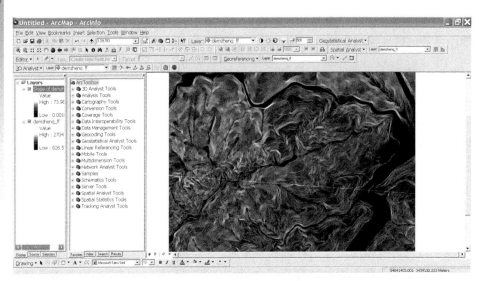

图 5 - 26 坡度提取

提取坡向具体的方法为: 在视图目录表中添加 DEM 并激活它; 从 3D An-alyst 菜单中选择 "Surface" 的 "Aspect" 命令; 显示并激活生成的坡向, 如图 5 - 27 所示。

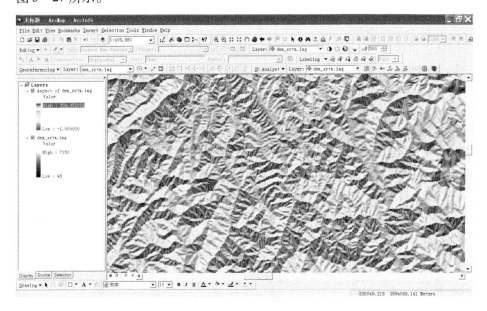

图 5 - 27 坡向提取

在 ArcGIS 软件中，实现可视性分析的具体方法为：添加 DEM 并激活；从 3D Analyst 菜单中选择"Surface"的"Viewshed"命令，选择观察点文件，进行计算；其中可视的部分为白色，不可视的部分为黑色，如图 5-28 所示。

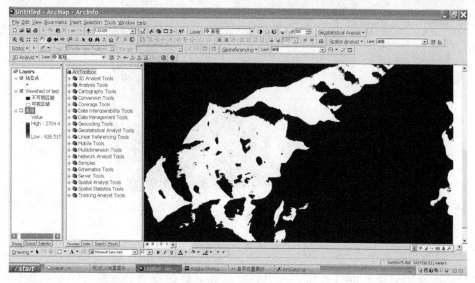

图 5-28　可视性分析

（3）管道穿越剖面提取

在管道设计和管道完整性数据管理方面，经常需要提取管道设计的横剖面。基于 GIS 空间分析技术，可以轻松实现这个功能。具体步骤如下：

添加 DEM，并激活；

利用 Interpolate line 工具添加管道走向线；

选中走向线，点击"Create Profile Graph"，输出剖面图，如图 5-29 所示。

此外，对于管道穿越其他信息的提取，也可以通过使用 GIS 的空间分析工具来实现。

（4）空间分析实现高后果区分析

基于管道完整性系统的数据集成和空间分析工具，利用缓冲区分析、空间叠加分析，可以实现高后果区的自动提取，具体步骤如下。

根据管道中心线数据，通过缓冲区分析，生成距离管道中心一定半径的缓冲区。

叠加通过遥感影像解译的管道沿线线划图，将缓冲区多边形与解译的管

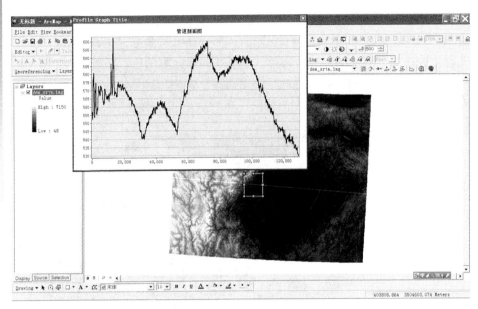

图 5-29　管道穿越剖面提取

道沿线地物多边形进行叠加，产生管道沿线的地物要素分布。基于高后果区的定义，通过这些地物要素的属性、空间计算，即可提取高后果区的分布。结果示例如图 5-30 所示。

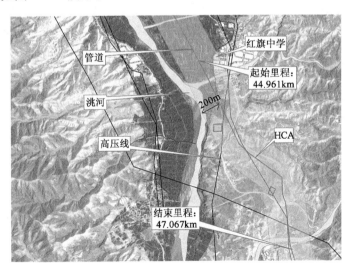

图 5-30　管线高后果区分析结果

三、遥感影像分析技术

遥感影像分析技术主要是通过管道沿线的高空间分辨率影像的信息提取，实现管道完整性管理数据的采集和完整性相关信息识别，例如对管道沿线地质灾害的识别等。

1. 遥感处理与分析基础

20 世纪 60 年代，空间技术的发展及人造地球卫星的成功发射为遥感的发展奠定了基础。以美国陆地卫星为代表标志着航天遥感时代的到来，迄今已有近40 年。

遥感影像是以多光谱数据为特征的，即使是高空间分辨率影像如 IKONOS 影像、Quick Bird 影像，也是伴有多光谱影像的，因为对地观测所获取的信息是以电磁辐射信号作为载体，而只有多波段电磁辐射信号才更有利于地物信息的识别。微波遥感数据如 SAR 数据虽不易为多波段数据，却从多极化角度得到弥补。星载 SAR 目前的发展就证明了这一点。传统上，遥感识别是人们利用数字图像处理和模式识别的理论、方法，如边缘提取，纹理分析，影像分割等，从影像数据中获取人类所需要的有用信息。

遥感影像处理分析的理论和方法都是建立在针对像元的光谱响应矢量分析基础上的。因为遥感影像数据就是以像元为基础，计算机处理和分析必须逐像元地进行，所以以像元为对象的处理和分析方法无可挑剔。但是采用计算机的目的是为了替代人的工作，应将人的智慧与知识融于其中。人在进行影像分析时，通常会抓住主要特征，将自己所具备的先验知识与对影像的整体、局部的分析结合起来，很快将那些特征明显即色彩、纹理、位置关系十分清晰可辨、定性分析把握很大的地物判别出来。至于具体的目标地物，则必须根据它所处的地理位置和相邻地物进行识别。这说明人的识别是整块整块地域的分析，充分利用所掌握的位置关系知识和地物的影像光谱特点、纹理特点和形状特点来进行搜寻、判断和分析。计算机必须以影像同质区或像斑为基本单元，提取其光谱、纹理、形状、位置关系等特征，利用先验知识来进行分析。这就要求遥感影像处理和分析的理论和方法必须建立在同质区分析的基础上，除影像的几何和辐射处理、变换处理以像元为单位以外，分类识别必须以同质区分析为中心，几何处理、辐射处理、变换处理（如主分量变换、生物量指标变换）都是为同质区分析服务的。同质区是影像中的斑块，若简称像斑，则今后的研究都应集中在像斑上。

目前新的面向对象的影像识别方法是以像斑分析为基础。以像斑为单位进行影像中地物分析识别的理论和方法体系应当包括影像预处理（即前述几何处理、辐射处理等）、像斑的提取、像斑特征的提取（光谱响应值分析、纹理分析、形状分析、位置关系分析等）、像斑空间关系分析、像斑先验知识和辅助数据、以像斑为基础的数据挖掘和知识发现、像斑的地类归属分析模型、像斑样本及特征分析、像斑分类方法等。

从 GIS 信息采集流程上讲，识别内容则为图形的边界与尺度、空间逻辑结构关系与物理结构关系两大类；从信息识别层次上讲，则包含了基于图像理解的语法识别、语义识别和语用识别三个逐步深入的识别过程和规律。在遥感图像上，每一类地质地貌对象都具有其图形结构和物性结构的图像特征构成要素，而图像特征要素又具有图形构成元素（点、线、面、体）和物理属性两类数据采集对象。

（1）要素测量

测量要素是对地质要素的结构化测量，主要是基于 RS-GIS 的集成技术对遥感图像中灾害地质对象的地质结构信息进行一般性测量，如滑坡后缘陡坎的高度与高差、泥石流的汇水区面积、泥石流堆积区的面积和体积、泥石流频发区沟谷中的发生期次与最近的发生时间等的测量。这些数据的获取对于灾害地质的发育机理、发生频率、灾害等级估算及其危害程度等的定量或半定量分析具有参考价值。

（2）物理属性特征判别

从遥感图像的属性信息判别角度看，任何地质要素的属性和注记信息都具有多重性。对活动断裂、滑坡、泥石流、重力崩塌等灾害地质要素的属性识别基本上能准确确定，但要素的物理、力学指标的确定存在不唯一性。这主要是受地理位置、地表覆盖和传感器分辨能力的影响。将遥感图像识别与有限地质资料收集相结合，才能为工程的可行性研究、初步勘察提供极为重要的地质结构信息和路线勘查的前期有用信息，并在实际工作中发挥了有效的和其他方法不可替代的作用。

2. 遥感影像信息识别

在现代工程项目建设中，遥感影像识别技术已经广泛地应用到项目建设的规划设计以及动态监测过程中。对于管道建设项目而言，遥感影像识别技术一方面要服务于管道沿线的地物识别、地质灾害识别以及基础地理信息的补测等内容，另外一个重要的目的是进行管道完整性数据和信息的识别。

（1）提取数字线划图

数字线划图（DLG，Digital Line Graphic）：是与现有线划基本一致的各地图要素的矢量数据集，且保存各要素间的空间关系和相关的属性信息。在数字测图中，最为常见的产品就是数字线划图，外业测绘最终成果一般就是DLG。该产品可较全面地描述地表现象，目视效果与同比例尺一致但色彩更为丰富。本产品满足各种空间分析要求，可随机地进行数据选取和显示，与其他信息叠加，可进行空间分析、决策，其中部分地形核心要素可作为数字正射影像地形图中的线划地形要素。

数字线划图（DLG）由于其数据量小，便于分层，能快速地生成专题地图，所以也称为矢量专题信息DTI（Digital Thematic Information）。此数据能满足地理信息系统进行各种空间分析的要求，可随机地进行数据选取和显示，与其他几种产品叠加，便于分析、决策。数字线划图（DLG）的技术特征为：地图地理内容、分幅、投影、精度、坐标系统与同比例尺地形图一致；图形输出为矢量格式，任意缩放均不变形。

数字线划图（DLG）制作主要采用外业数据采集、航片、高分辨率卫片、地形图等。一般制作方法主要有以下几种：

1）数字摄影测量、三维跟踪立体测图。

2）解析或机助数字化测图。这种方法是指在解析测图仪或模拟器上对航片和高分辨率卫片进行立体测图，来获得DLG数据。用这种方法还需使用GIS或CAD等图形处理软件，对获得的数据进行编辑，最终产生成果数据。

3）对现有的地形图扫描，人机交互将其要素矢量化。在目前国内外常用的矢量化软件或GIS和CAD软件中，是利用矢量化功能将扫描影像进行矢量化后转入相应的系统中的。

4）在新制作的数字正射影像图上，人工跟踪框架要素数字化。屏幕上跟踪：可以使用CAD或GIS软件将正射影像图按一定的比例插入工作区中，然后在图上进行相应要素采集。

5）野外实测地图。利用纠正后的遥感影像数据，在GIS软件环境（图5-31）中通过数字化工作提取获得管道沿线的数字线划图，如图5-32所示。

（2）沿线地质灾害识别

地质灾害识别是管道完整性信息识别和管理中的重要一环，在遥感影像上利用地质灾害体的各类图形边界特征识别是目前识别地质灾害体的主要手段。遥感图像图形要素特征识别主要有地质体线要素特征、面要素特征、体要素特征等的识别。线要素特征识别和信息采集是图像边界特征识别的基础

图 5-31　遥感影像数字线划图提取

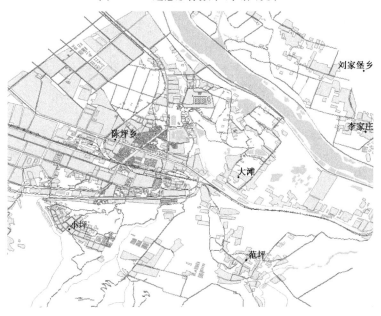

图 5-32　国内某市区遥感影像数字化成果

和解译要点，如断裂构造迹线、地质体单元边界线等；滑坡后壁线，滑坡周界线等；地理地貌线要素特征，如分水岭界线、坡折线、陡坎线、坡积层的上下边界线、滑坡后缘陡坎线、泥石流的汇水区域边界线、发生区边界线等。对于灾害地质体的线特征边界信息采集除取决于图像的几何分辨力与光谱分辨力外，还与解译者对构成灾害地质体的空间结构要素的理解能力有关。应用管道沿线的1m级的高分辨率影像，可以识别出每个滑坡体、泥石流以及崩塌体的位置、边界、面积等信息。综合其他信息，还可以对管道沿线的地质灾害风险进行评价。

2006 年，我们对重点管线通过遥感影像图开展了重点地段地质灾害的识别工作，并通过野外调查工作加以确认，如图 5 - 33 所示。

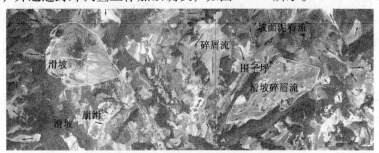

图 5 - 33　基于遥感影像的地质灾害识别

3. 信息识别实例

本部分以 2005 年某管线的遥感处理分析实例介绍遥感影响分析技术在管线上的应用。从遥感影像使用的一般规定、卫星遥感影像的预处理、遥感影像绘图、设立永久标志桩、管道加密控制点观测刺点等方面进行介绍。

（1）遥感影像使用的一般规定

从按照管道从施工到运营的全生命周期的实际应用考虑，对于 3 ~ 4 类地区及高后果、高风险地区，卫星影像精度应不低于 1m 分辨率；对于 1 ~ 2 类地区，卫星影像精度应不低于 2.5m 分辨率。具体要求如下：

根据实际工作需要，需关注输油管线两侧 2km 区域的地理信息状况，以管道中心线主基础左右各建立 2km 的缓冲区，以确定大致订购范围。

根据城镇规模、人口密度的不同，将城镇划分成不同的风险等级，管线周边的这些高风险等级的城镇都应包含在订购范围之内。对订购范围要做相应扩充，将高风险城镇包括在内。

考虑到管线会对附近的池塘、湖泊、水库、河流等水域产生影响，当管线距离这些水域距离较近时，对订购范围需做相应扩充，尤其是当河流位于液体管线的下游时。

卫星影像应覆盖距离管道任意一点至少 2km 的范围。

卫星影像应采用彩色或彩色 + 全色融合产品。

遥感产品订购基本参数（建议）：

云量：< 20%；

地面积雪覆盖量：< 20%；

拍摄角度（垂向夹角）：＜25°；

成果类型：预正射级融合数据；

地图投影：UTM 投影；

椭球体：WGS84；

数据格式：GEOTIFF。

（2）卫星遥感影像的处理

对卫星遥感影像，在应用前需完成纠正，以达到应有的精度。为实现空间分析等应用。还应当对遥感影像进行矢量化。

以下以快鸟 0.61m 遥感影像处理为例，其他类型遥感影像可参照此步骤（比例尺及测量精度按其实际可成图比例尺定义）。

1）资料收集。

①覆盖作业区域内的遥感影像完备卫星参数文件；

②管道沿线地形图资料及矢量数据成果（比例尺至少为 1∶50000）、数字高程模型数据（DEM）；

③管道中心线原始测量成果；

④西安 80（北京 54）坐标系与 WGS84 转换参数；

⑤管道全线大地控制成果点。

2）原始遥感影像整理建档。

原始遥感影像存在如下情况：影像文件多；影像的数据量大；影像的数据量差异大；影像存储在多个介质（光盘）中；影像的获取时间不同；影像的覆盖范围不同；影像的轨道参数不同。因此，对原始遥感影像整理，建立原始遥感影像档案，统一存储，对下一步的工作以及对今后的分析利用很有必要。主要做如下工作：

①影像统一存储。

②建立原始影像档案数据库。档案数据库包括的内容为：影像文件名，存放位置，获取时间，覆盖范围（坐标信息），轨道参数文件索引，文件大小。

③档案数据库的图形化，便于直观显示、查询。

3）遥感影像预处理。

原始遥感影像除存在上述的情况外，还存在的情况有：影像的覆盖范围与有效覆盖范围差异大；影像可能存在重叠；影像的显示效果差。因此要做如下工作：

①尽可能截取影像的有效覆盖范围，去除无信息区域，减少数据量；

②对影像重叠部分，保留质量好的影像，裁剪质量差的影像，减少数据量；

③影像辐射增强处理，以增强显示效果；

④影像的分幅与合并，以使分幅影像数据量大小一致，达到甲方数据入库规格要求。

4）遥感影像初步配准。

通过原始遥感影像参数文件、DEM 加采集 1∶50000 地图地面控制点的方法，对遥感影像做正射纠正及全面配准，要求全图达到 1∶50000 成图精度。

5）遥感影像绘图。

配准后的影像叠加管道中心线，利用高分辨率绘图仪绘图，并以便于外业控制点刺点，绘图比例为 1∶10000。

6）制定外业控制测量作业方案。

包括外业测量的技术方法、人员分组、观测路线、时间计划等。

7）管道等级控制点观测刺点。

在管道全线均匀布测 8 个长期固定的 D 级 GPS 控制点，全部选择在阀室、场站分输站等建筑屋顶部，在遥感影像上的刺点精度为 0.1mm。

8）设立永久标志桩。

按照附图 1 的要求布设永久 GPS 标志桩，观测精度应达到国家 D 级 GPS 控制点精度要求，提交成果包括北京 1954、WGS84 和西安 80 三套坐标系数据及其误差分析。

9）管道加密控制点观测刺点。

选择实地和遥感影像都有明确标志的点位观测，观测点尽量靠近管道中心线，因标志不明显等原因可有偏移，但最大偏移距管道中心线不超过 50m；在遥感影像的刺点精度为 0.1mm。地面观测误差需小于 0.3m，提交成果包括 WGS84 和西安 80 两套坐标系数据及其误差分析。

10）根据外业控制成果精确配准遥感影像。

利用外业控制点对管道中心线附近（管道中心两侧各 200m）的影像进一步精确配准，精度要求：距离管道中心线两侧各 200m 范围达到 1∶5000 成图精度；距离管道中心线两侧各 200m 以外可逐渐降低精度要求，最低不低于 1∶50000 成图精度。

11）属性调绘。

对遥感图上特征地物进行现场属性调绘，包括两侧各 200m 范围内道路、水文、土壤、建筑物、土地使用/植被、铁路、公用设施线路与外部管道要素；遥感图全范围的主要道路、水系、面状居民地、学校、医院、加油站、油库、矿山以及其他高后果或对管道安全威胁较大的要素，属性包括地名、联系人、联系方式、人口等内容。

12）数字化成图。

配合属性调绘数据，对配准后的遥感图进行数字化，成图比例尺为1∶5000。提取距离管道中心线两侧各200m范围内道路、水文、土壤、建筑物、土地使用/植被、铁路、公用设施线路与外部管道要素；遥感图全范围的主要道路、水系、面状居民地、学校、医院、加油站、油库、矿山以及其他高后果或对管道安全威胁较大的要素，属性包括地名、联系人、联系方式、人口等内容。其他要素由1∶50000或更大比例尺地图补充并按1∶5000地图要求进行编码、符号转换。

13）成果整理提交。

提交成果包括：

①技术总结报告；

②工作总结报告；

③高精度等级控制点成果（包括误差分析）；

④高精度等级控制点永久性标志桩；

⑤加密控制点成果（包括误差分析）；

⑥管道全线遥感影像绘图成果（标注外业控制点定位信息）；

⑦管道全线配准后遥感影像数据成果；

⑧管道全线矢量数据成果；

⑨原始遥感影像档案；

⑩配准后遥感影像档案。

14）检查验收。

验收内容主要包括：

①卫星影像的配准精度；

②矢量地理数据内容及其正确性；

③外业测量成果精度、刺点情况和标志桩埋设情况。

（3）提交成果格式

要求如下：

1）栅格数据为 tif 格式；

2）矢量数据为 ArcGIS GeoDatabase 格式；

3）其他成果数据为 EXCEL 表格；

4）所有成果提交 WGS84、西安 80 两套坐标系数据；

5）85 国家高程基准。

四、空间数据挖掘方法及应用

在管道完整性海量数据基础上，如何实现管道完整性信息的提取是关系到管道完整性信息系统成功与否的目标所在。数据挖掘技术提供了从数据到信息的桥梁。从广义上来说，空间数据挖掘技术也包括 GIS 空间分析的一些技术，例如工程图创建、3 维地图显示、空间聚类技术、判别分析技术等，本节在此不再赘述。

针对管道完整性管理的概念及内涵，管道完整性信息是指能够用来保证管道生产过程经济、合理、安全地运行的信息。管道完整性数据采集及维护管理只是提供了判断和提取完整性管理信息的基础，而信息的提取还需要进一步通过人为的判断或按照一定的规则由信息系统自动完成。

管道完整性数据量大，并且这个数据在运行过程中不断得到扩充，传统上，通过人为判断获取信息已经远远不能适应管道完整性管理的需要。数据挖掘则提供了信息系统从海量数据中提取信息的工具。

数据挖掘（Data Mining）技术是指从大量、不完全、有噪声、模糊、随机的数据中提取隐含在其中、人们事先不知道的，但又是潜在有用的信息和知识的过程。数据挖掘是多学科和多种技术交叉综合的新领域，它综合了数据库技术、模式识别、统计、地理信息系统、机器学习、专家系统、可视化等多领域的有关技术，用于研究数据挖掘与知识发现的方法也很多。数据挖掘涉及数据库系统、数据可视化、统计学和信息论领域的学科知识。它不是简单地在数据库检索查询，而是对这些数据进行统计、分析、综合、归纳和推理。数据挖掘工具软件能够对将来的趋势和行为进行预测，从而很好地辅助人们的决策。传统的数据挖掘方法是假设它所研究对象之间的关系是独立的，这种方法缺乏处理内部联系极为紧密的空间数据能力。

而空间数据库是 GIS 的核心存储机构，它包含有空间数据和非空间数据。空间数据可以是地表在 GIS 中的二维投影，非空间数据则是除空间数据以外的一切数据。近年来，空间数据库的广泛使用导致了对空间数据挖掘和空间数据发现技术的发展。

空间数据挖掘作为数据挖掘的一个新的研究分支，是指从空间数据库中提取出有效、新颖、潜在有用的并能最终被人理解的模式的过程。空间数据挖掘按任务可以分为两类：描述性的数据挖掘和预测性的数据挖掘。描述性的数据挖掘描述空间数据和空间现象，它也分析空间数据与非空间数据之间的关系，并且确认这些数据的空间分布模式。另一方面，预测性的空间数据挖掘试图开发一种模式去预测未来的空间数据状态并预报空间模式转换的趋势。空间数据挖掘技术主要包括：可视化表达技术以及分析、分类、描述、定义相关性、聚类和空间衰减等技术。Koperski 等提出了空间数据挖掘系统的框架结构以及知识发现每一步的状态。在这些过程中，系统需要用户输入背景知识和干预。一般而言，常用的空间数据挖掘方法有以下几种：

1. 聚类分析方法

聚类分析方法是按一定的距离或相似性测度将数据分成系列相互区分的组，它是不需要预定义知识而可以直接发现一些有意义的结构与模式。可采用拓扑结构分析、空间缓冲区及距离分析、覆盖分析等方法，旨在发现目标在空间上的相连、相邻和共生等关联关系。

2. 决策树方法

决策树是一个类似流程图的树型结构，其中每个内部节点表示在一个属性上的测试，每个分支代表 1 个测试输出，而每个树叶点代表类或类分布；树的最顶层节点是根节点。目前在数据挖掘中使用的决策树方法有多种，在国际上影响较大的典型决策树方法是 Quinlan 研制的 ID3 算法。

3. 神经网络方法

神经网络最早由心理学家和神经生物学家提出，旨在寻求开发和测试神经的计算模拟。典型的神经网络模型主要分为三大类：用于分类、预测和模式识别的前馈式神经网络模型；用于联想记忆和优化计算的反馈式神经网络模型；用于聚类的自组织映象方法。

4. 归纳方法

归纳方法即对数据进行概括和综合，归纳出高层次的模式。归纳方法一般需要背景知识，常以概念树的形式给出。背景知识由用户提供，在有些情况下也可以作为知识发现任务的一部分自动获取。

5. 可视化技术

可视化技术在数据挖掘过程中的数据准备阶段是非常重要的，它能够帮助人们进行快速直观地分析数据。利用可视化方法，很容易找到数据之间可能存在的模式、关系和异常情况等。

6. Rough 集

Rough 集是一种智能数据决策分析方法，被广泛研究并应用于不精确、不确定、不完全的信息分类分析和知识获取。它为 GIS 的属性分析和知识发现开辟了一条新途径。Rough 集较适于基于属性不确定性的空间数据挖掘。

7. 数字图像分析和模式识别方法

空间数据库（数据仓库）中含有大量的图像数据，图像分析和模式识别方法可直接用于数据挖掘和知识发现，或作为其他挖掘方法的预处理方法。

通过空间数据挖掘技术，可以进行油气管道腐蚀信息的提取和腐蚀发展的预测。油气管道腐蚀是一个随机量，判断管道腐蚀失效，研究其发生、发展的规律，进而预测管道失效的潜在可能性，是管道完整性管理的重要内容，对于管道的安全具有重要意义。但对腐蚀的调查和分析有一定的难度，采用概率统计模型来研究管道腐蚀失效是非常有效的方法，分为两种模型：分布概率模型和管道腐蚀预测模型。

（1）分布概率模型

依据管道腐蚀缺陷特征的统计，建立缺陷分布概率模型，是分析管道腐蚀失效的主要途径之一。分布概率模型通常采用威布分布，我们可以通过改变函数中的参数来描述不同阶段的管道腐蚀失效特征，反映腐蚀失效发展阶段或腐蚀失效的严重阶段。

对油气管道检测的数据进行统计，也可以得到管道外防护层破损点密度分布、外防腐层等级分布、管体腐蚀深度分布的统计图，利用威布函数拟合这些分布，得到拟合函数的参数，根据这些参数就可以对管道腐蚀情况进行估计。

（2）管道腐蚀预测模型

管道腐蚀预测模型是通过统计不同运行时间段的管道穿孔情况，分析管道腐蚀随时间变化特征，就可以确立腐蚀预测模型的参数。对这些穿孔情况进行拟合，可以得到油气管道腐蚀失效随运行时间呈指数特征或其他特征变化，就此可进行管道腐蚀预测。

小　　结

本章通过实例和理论介绍论述了管道完整性系统中用到的一些管道完整性数据分析技术，着重讲述了管道完整性管理过程中高后果区分析、风险评价、完整性评价在数据方面的应用，并介绍了基于地理信息的数据分析技术，其本质就是从大量的管道空间数据和管道运行的非空间数据中提取用来维护管道经济、合理、安全运行的信息。

第六章　管道完整性数据应用

基于本教程的以上理论论述和技术实现的实践讲解，本章通过几个具体的实例来展示数据成果在管道完整性管理中的应用。

第一节　管道完整性工程图的应用

一、工程图简介

工程图在管道管理领域有着广泛的用途，当前国内外许多研究机构和公司参照行业需要，在其石油天然气管道信息化解决方案中提供了管道工程图制图方案，用于满足管道制图需求，支持日常的管道管理和维护工作。

国外的管道工程图系统主要有 GE 公司（General Electric，通用电气公司）基于 AutoCAD 平台开发的工程图软件 SheetGen，New Century Software 公司基于 ArcGIS 平台开发的 Sheet Cutter，Blue Sky 公司的 Sheet Generation 和 PTC 公司的 PRO/ENGINEER 等。目前国内已开始研发面向管道设计阶段基于 PIDM 的工程设计图纸软件 PipsSG，该软件可以根据需要从管道数据库中提取管线数据，并实现管线数据定位方式的转换，并结合工程图制图方案的设计，实现地理视图与属性视图的可视化表达，实现管道定线图的表达输出。

综合国内外的工程图软件技术的发展可以看出，虽然国外出现了许多商业化的工程图软件，其技术发展也较为成熟，国内也出现了一些基于 PIDM 的工程图系统，但到目前为止，还没有或只有部分与管道完整性管理相结合，也没有实现与管道完整性技术（如高后果区分析技术、管道风险评价技术、管道完整性评价技术等）的有机结合，缺少对管道检测、缺陷评价结果等数据的综合表达功能。

中国石油天然气集团公司管道完整性工程图系统 PipeSG 的研究，是从国内管道完整性管理的行业需求出发，通过研究同类软件产品的技术功能，结合自身管道的实际情况研发的基于管道完整性管理的工程图系统。

二、关键技术

1. 管道完整性数据库

管道数据种类繁多复杂，既有管道中心线、控制点这类矢量数据，同时也包括历史操作记录等属性信息。此外，还有各种卫星影像、航拍影像等栅格数据。可以说以管道为中心的管道数据库不仅数据量大，而且数据类型较为复杂。

在实现管道数据的存储过程中，本系统采用了 PIDM 数据模型 + ESRI SDE + RDBMS 的方式进行管道数据的存储。

PIDM 管道数据模型是在以往数据建模过程中的经验基础上，充分考虑中国石油管道的特点，引进国际上通用的标准管道数据模型（APDM3.0 \ 4.0，PODS），结合管道完整性管理的需求，形成的专门针对管道完整性管理的数据模型。该模型能够很好地满足中国石油管道完整性管理的数据要求。采用空间数据引擎 ESRI SDE + RDBMS 的方式，有利于将基于传统文件的矢量、栅格数据都移植到空间数据库中，所有的空间数据及属性数据都被管理在数据库内，有利于数据的一体化管理。

2. 工程图设计标准化

工程图设计标准化工作是为了规范工程图的设计输出工作。一方面有利于图纸的共享使用，减少由于符号等设计内容差异所带来的不方便，另一方面有利于工程图纸的归档管理。

目前在管道完整性工程图制图领域，尚没有形成统一的标准化体系规范。需要研究的标准化内容包括：工程图符号的标准化（样式、颜色），工程图模版的标准化等。

在工程图符号标准化研究中，主要是地图和带状图中各种与管道相关的符号设计，包括符号的样式、颜色。例如，对于地图中的管道设备，如管道中心线、阀室、站场、穿跨越位置、管材等，需要按照类型设计出统一的符号；对于各种带状图中使用的符号，例如在显示管道缺陷位置的带状图中，需针对不同缺陷类型，设计出统一的缺陷表示符号。

在工程图模版标准化研究中，主要包括模版内外图廓以及内图廓中各个条带的设计等内容，例如，内外图廓使用的默认尺寸是多少，地图带与各种属性带的默认尺寸、排列方式是什么，当需要增加或者删除带状图时，各个带图的尺寸变化规则是什么。

3. 工程图与 GIS 技术的结合

GIS 技术是利用计算机等信息化技术，对空间数据进行存储、管理、分析和可视化的技术。利用 GIS 技术，可以更好地满足管道完整性工程图的制图需要。

在面对庞大的管道完整性数据库的时候，按照以往的做法，需要将各种资料手动地绘制到图纸上。如果使用 GIS 技术，可以按照特定的需要，采用空间数据过滤等技术方法，将存储在管道完整性数据库中的数据自动提取出来，用于工程图的绘制。

GIS 技术具有很强的可视化功能，利用它不仅可以将管道及沿线的各类数据以地图的形式按照比例绘制出来，同时还可以采用带状图，以折线图、散点图等形式将管道的属性信息绘制出来，并参照空间对象的对应关系，将地图、带状图对齐排列在工程图模版中。例如，在地图中沿管道周边一定范围，用高亮颜色的面状区域标示高后果区，沿管道用不同颜色标示不同风险等级的管段，用不同符号标示不同类型的缺陷点及缺陷类型，同时在地图中还可以叠加行政区划、道路、河流、卫星影像等数据，增加地图中的信息量。在带状图中，可以采用线段图、散点图、折线图等图表展示管材、穿跨越、埋深等信息。使用地图、带状图的方式，能够实现管道数据的多维度可视化表达，在有限的图幅内展示更加丰富的信息。

4. 工程图与网络技术的结合

以往管道完整性工程图系统采用 Client/Server 架构的方式。C/S 模式具有较高的安全性和数据库维护的便捷性，但是设计的工程图只能在本地打开，或者转换成图片通过拷贝的方式进行发布。与网络技术结合，开发基于 Browse/Server 架构的系统，提供工程图设计结果的网络发布，使工程图可通过网络下载使用。一方面可以提高工程图的使用效率，便于工程图的共享使用；另一方面也可以避免工程图图纸的重复制作，节省成本。

三、应用实例

2008 年，在基于东北某管道内检测工作的基础上，利用完整性工程图系统，将各种遥感影像、缺陷点、修复数据等信息以工程图的形式展示出来，使现场维修人员能够准确地找到腐蚀、螺旋焊缝等缺陷点，并根据完整性评价结果建议的修复方式开展修复工作。

图 6 - 1 展示了东北某管道缺陷评价工程图制作流程。

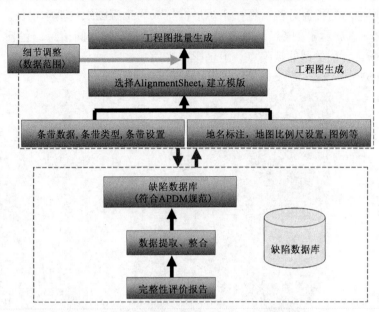

图 6 - 1　东北某管线缺陷评价工程图制作流程

图 6 - 2 展示了工程图中管道线路的分段情况。由于管道线路往往长达上百千米，因此在工程图设计的过程中，常常需要使用若干个矩形框覆盖管道

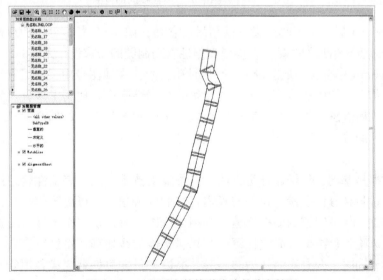

图 6 - 2　工程图中某管道线路的分段情况

线路，保证管道线路被矩形框均匀分割。从图6-2中可以看出，管道线路被多个矩形框均匀覆盖分割，每一个矩形框将成为工程图纸的基本单位。

图6-3展示了图6-2中高亮矩形框对应管段的空间信息，包括管道中线、站场、各种类型的缺陷点、卫星影像等信息。

图6-3　工程图中国内某管线局部范围

图6-4展示了工程图设计的结果，它是在图6-2管道分段矩形框和图6-3分段管线信息的基础上，参考完整性管理制图的需求设计完成的。

图6-4中包含了地图带和多种属性带信息。在地图带中反映了管道的基本特征信息，如中心线、缺陷点位置等。在属性带中，使用了多种类型的带状图，如散点图、折线图、表格的形式，来展示各类信息，如高后果区、建议修复时间等，同时也包含了一些基本数据，如里程桩位置、埋深、压力分布等。

数据是基础，分析评价是方法，而决策支持是目的。完整性管理的目的就是通过各种分析手段，获得与管道相关的各种信息，以此为依据来制订方案与措施，保证管道的安全运营。利用工程图，可以从多个维度对管道本体属性、风险评价结果、完整性评价结果、管体沿线地理环境进行直观的可视化表达，同时结合专家的知识和经验，决策人员能更好地完成各项管理决策工作。

管道完整性数据管理技术

148

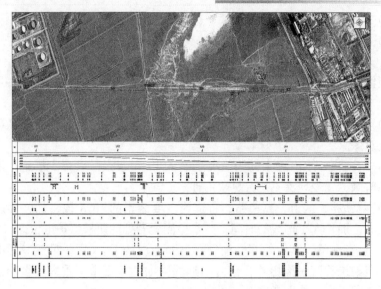

图 6-4　国内某管线缺陷评价工程图

第二节　管道完整性数据在高后果区分析中的应用

一、输油管道高后果区分析

1. 输油管道高后果区分析的背景及需求

国内某条长距离、大口径、高压力、高落差的成品油输送管其管线途经甘肃、陕西、四川、重庆三省一市，遍及黄土高原、秦岭山区、四川盆地，地形错综复杂，管道落差大，线路条件较差，终点为重庆某油库。

2. 总体评价结果及建议

根据本书第五章管道完整性管理系统的高后果区分析原理和方法，对该输油管道进行分析评价，得出下述结论。

该管道全线共划分出 891 个 HCA 段。其中 HCA 段最高分达 608 分，最低分为 4 分。HCA 段总长共计 848772m，占该管道全线的 68.8%。该输油管道接近 70% 的管线为 HCA 段，主要由三方面的因素造成：

1）人口；

2）铁路、国道、高速路、省道等交通设施；

3）季节性河流、水库、湖泊、池塘等水体。

根据高后果区分析，该输油管道公司应对各 HCA 段有针对性地开展完整性管理工作，主要做到以下几个方面：

1）对人口为主要因素的 HCA 段，设立标示牌，加强宣传，提高群众紧急避险意识。

2）对河流、水库等水体为主要因素的 HCA 段，采取切实措施，增加对埋深的监测，发现埋深不足，尽快治理。

3）对铁路、国道、高速路、省道为主要因素的 HCA 段，加强穿越处套管的监测，加长人工巡线的时间；时常检测套管处的阴极保护电位。

4）对存在临近其他外部输油气管道而造成的 HCA 区，虽然其影响权重较低，但如果管道泄漏爆炸，会对临近的输油气管道带来重大安全隐患，对这些影响因素也应慎重考虑。

5）对 HCA 段的管道缺陷，应及时修复和治理；加强地质灾害处的监测，群策群防，尤其在降雨量较多时节，更应提高警惕，一旦发现发生地质灾害的迹象，立即报告相关部门，进行治理，疏导群众，以保证 HCA 地区人员和环境的安全。

6）对易打孔盗油点，人工巡线时间安排不应固定，以免被不法分子摸清规律，钻时间差的空隙作案，建立或完善安全预警系统。

7）对所有 HCA 段，无论分值大小，都应进行有针对性的完整性评价与风险评价，提出减缓措施。

8）对所有 HCA 管段，都应进行风险评价和完整性评价，修复管道缺陷，减少可能造成管道泄漏的各种威胁因素，以保证 HCA 地区人员和环境的安全。针对 HCA 地区，应设立警示标牌并采取宣传措施，保证联系上的畅通。特殊地区应有专门的联系人。

9）HCA 区域更新。管线周边的人口、环境会随时间而发生变化，当其改变时，应对其进行准确记录。

二、建设期管道高后果区分析

1. 建设期管道高后果区分析的现状及需求

国外在役管道系统的完整性管理已日趋成熟，形成了系列的安全规范或标准，提供了安全管理的方法和程序，从而使管道事故率下降，保障其安全可靠地运行并节约了维修费用。国内已经把 API 1160 和 ASME B31.8S 等效采用转化为国内行业标准，中国石油天然气集团公司等企业在役管道完整性管理规范逐步形成。而对管道建设期的完整性管理规范，国内还没有形成一套完整的标准可供参照，很多环节没有标准可依，制约了建设期完整性管理的实施。这就迫切要求对建设期管道进行完整性管理。

下面就以国内某建设期管道线路的高后果区分析为例，阐述建设期管道高后果区分析。

2. 分析评价结果及建议

受到数据权限限制，本次分析采用遥感影像图人工判读的方式进行。影响距离采用由 C-FER 公司开发的经验公式计算。公式描述如下：

$$r = 0.099\sqrt{d^2 p} \qquad\qquad (6-1)$$

式中　　d——管道外径，mm；

　　　　p——管段最大允许操作压力（MAOP），MPa；

　　　　r——受影响区域的半径，m。

根据管线设计数据，管径为 1219mm，设计压力为 12MPa，确定影响范围为管道两侧各 418m。

部分分析评价结果如表 6-1 所示。

表 6-1　某标段高后果区识别结果

序号	起始里程	结束里程	长度（m）	描述
1	AA034 + 600	AA035 + 160	560	村庄
2	AA046 + 470	AA047	530	村庄
3	AA047 + 420	AA048 + 130	410	村庄
4	AA049	AA049 + 730	730	村庄
5	AA052 + 130	AA053	870	村庄
6	AA063	AA064 + 450	1450	村庄
7	AB056	AB056 + 100	100	城镇
8	AC012	AC012 + 500	500	加油站
9	AC013 + 400	AC014 + 900	1500	城镇
10	AC020 + 750	AC022 + 300	1550	城镇
11	AC076	AC077 + 60	1060	村庄
12	AC138 + 950	AC139 + 100	150	输油站
13	AD057 + 800	AD058 + 200	400	村庄
14	AD074	AD077	3000	村庄

该建设期输油管道共识别出高后果区段 45 个, 其中第 4 标段穿越人口数较多, 应给予特别关注。分析结果显示出应特别注意 AC138 + 950—AC139 + 100 处 HCA 管段, 此处附近建有学校 (图 6 - 5), 属潜在影响区域 (PIZ)。一旦输气管道发生事故, 将产生严重后果。建议管道设计人员应给予足够认识, 并采取相应的改线措施。

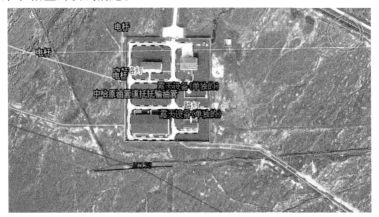

图 6 - 5　AC138 + 950—AC139 + 100 处 HCA 管段

第三节　管道完整性数据在风险评价中的应用

一、输油管道风险评价

通过对可能危及管道安全运行的影响因素进行分析, 识别出国内某输油管道最大威胁来自第三方破坏, 打孔盗油是其中最为严重的问题, 管道占压、施工破坏等对管道也有不小的破坏。对管道造成危害的第二位因素是地质灾害, 主要是在沿线山坡段, 由于受到施工时的破坏或坡体本身不稳定, 容易造成塌方或滑坡。此外, 管道腐蚀、管体本身的缺陷、水毁等对管道的破坏也不容小觑。

危害识别的定性分析结果, 如图 6 - 6 所示。图中给出了国内某输油管道危害因素排序。

中国石油天然气集团公司管道研究中心对国内某管道全线进行了风险评价, 评价采用 Piramid 软件进行。风险评价给出了管道全线的风险分布, 人口密集点的个人风险值，并参照国外一些风险可接受标准，评估了管道风险的可接受性，风险评价结果如图6-7所示。

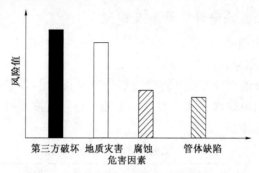

图6-6　国内某输油管道危害因素分布

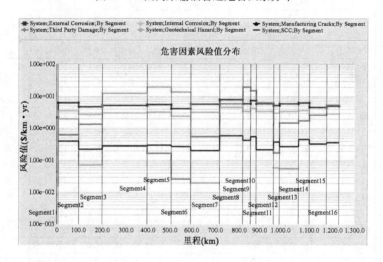

图6-7　国内某管道风险评价结果

针对管道的高风险段，在分析引起高风险的原因后，有针对性地采取了风险控制措施。

二、建设期管道风险评价

1. 建设期管道风险评价需求分析

某天然气管道线路穿过地貌单元复杂，线路长、管径大、压力高，加之天然气是易燃、易爆物质，管道一旦发生破裂或泄漏，很容易造成爆炸和大范围的火灾，特别是在人口稠密地区，极易造成灾难性后果，除人员伤亡和直接的经济损失外，还会造成极坏的社会影响与政治影响。因此，该输气管线的安全运行面临着更高的要求和挑战。

2. 建设期管道风险评价结果及建议

（1）风险评价结果

1）管道划分结果。

按照软件计算的划分方法，将管段划分为2618个风险评价单元。为了便于比较各段管道的风险水平和开展评估工作，将管道按照沿线阀室分布分为85段，各段里程如表6-2所示。

表6-2 某输气管线某段管段划分

编号	起点	终点	编号	起点	终点	编号	起点	终点
P1	0	30.39	P30	835.045	859.019	P59	1687.848	1715.986
P2	30.39	46.324	P31	859.019	889.096	P60	1715.986	1737.328
P3	46.324	74.871	P32	889.096	921.3	P61	1737.328	1766.961
P4	74.871	104.279	P33	921.3	952.244	P62	1766.961	1797.651
P5	104.279	139.121	P34	952.244	982.994	P63	1797.651	1823.902
P6	139.121	170.316	P35	982.994	1014.177	P64	1823.902	1852.824
P7	170.316	200.616	P36	1014.177	1044.237	P65	1852.824	1881.504
P8	200.616	224.165	P37	1044.237	1076.014	P66	1881.504	1904.521
P9	224.165	244.061	P38	1076.014	1104.364	P67	1904.521	1929.316
P10	244.061	281.161	P39	1104.364	1133.124	P68	1929.316	1960.119
P11	281.161	310.932	P40	1133.124	1164.482	P69	1960.119	1991.231
P12	310.932	345.522	P41	1164.482	1195.217	P70	1991.231	2020.101
P13	345.522	372.742	P42	1195.217	1222.244	P71	2020.101	2051.151
P14	372.742	402.757	P43	1222.244	1272	P72	2051.151	2077.97
P15	402.757	427.661	P44	1272	1301.085	P73	2077.97	2103.737
P16	427.661	457.926	P45	1301.085	1325.511	P74	2103.737	2131.002
P17	457.926	491.218	P46	1325.511	1355.468	P75	2131.002	2159.459
P18	491.218	521.686	P47	1355.468	1386.385	P76	2159.459	2190.938
P19	521.686	550.227	P48	1386.385	1417.84	P77	2190.938	2223.682
P20	550.227	579.978	P49	1417.84	1450.244	P78	2223.682	2253.931
P21	579.978	596.94	P50	1450.244	1482.348	P79	2253.931	2282.874
P22	596.94	627.229	P51	1482.348	1512.342	P80	2282.874	2314.007
P23	627.229	657.156	P52	1512.342	1512.704	P81	2314.007	2329.397
P24	657.156	689.051	P53	1512.704	1544.354	P82	2329.397	2358.017
P25	689.051	718.203	P54	1544.354	1574.911	P83	2358.017	2381.826
P26	718.203	737.742	P55	1574.911	1606.736	P84	2381.826	2394.282
P27	737.742	769.526	P56	1606.736	1635.148	P85	2394.282	2402.18
P28	769.526	802.403	P57	1635.148	1661.648			
P29	802.403	835.045	P58	1661.648	1687.848			

2）失效概率计算结果。

管道全线失效概率前 10 段如表 6-3 所示。P63-P65 段、P3 段主要受地质灾害影响较大。P71-P73 段、P81 段失效概率较高，主要是受地震和地质灾害共同影响。在 P42 段，外腐蚀和地质灾害是本段的最主要影响因素。

表 6-3　失效概率前 10 段情况

管段编号	起点里程（km）	终点里程（km）	失效概率[次/(年·千米)]
P64	1823. 902	1852. 824	7.59×10^{-6}
P65	1852. 824	1881. 504	5.22×10^{-6}
P3	46. 324	74. 871	4.84×10^{-6}
P63	1797. 651	1823. 902	4.51×10^{-6}
P78	2223. 682	2253. 931	4.13×10^{-6}
P71	2020. 101	2051. 151	3.99×10^{-6}
P73	2077. 97	2103. 737	3.92×10^{-6}
P72	2051. 151	2077. 97	3.92×10^{-6}
P42	1195. 217	1222. 244	3.78×10^{-6}
P81	2314. 007	2329. 397	3.77×10^{-6}

3）个体风险定点分析。

分析表明，在第一年，在 2250km 处个体风险水平较高，而在 1200km 处个体风险水平最低，这与各点处失效概率大小和失效模式有关。2250km 处失效概率较高，而且地震造成的管道失效概率较高，失效模式为大泄漏和断裂，该段又属于二类地区，人口数量在某段中较高，导致个体风险水平最高；1200km 处失效概率诱发因素中外腐蚀占主导作用，失效概率模式以小泄漏为主，且该地区属于一类地区，因此个体风险水平较低。同时可以看出，在 1200km 处，个体风险发展最快，从第一年到第十年增长的幅度较大，这主要是由于在这一点处外腐蚀是主要的风险因素，而外腐蚀发展速率较其他因素发展速率快。

（2）管道风险控制措施建议

通过该管道某段失效概率和风险水平分析，控制管道的风险因素主要为外腐蚀和地质灾害。外腐蚀失效概率在 920 ~ 1270km、1320 ~ 1650km 和 1830 ~ 2050km 以及 2200 ~ 2300km 相对较高，且随着时间的推移，外腐蚀风险增长较快；建议在管道运营后，要对外腐蚀风险较高区段的外防腐层状况以及阴极保护水平进行重点检测。地质灾害失效概率在 50 ~ 80km、600 ~

950km 和 1800 ~ 2400km 处较高，主要的地质灾害为冲沟、泥石流、崩塌以及风蚀沙埋；建议在设计方案中考虑对地质灾害区段采取调整管道走向，对无法避让的地质灾害区段加强工程防范措施，在管道运营后，对地质灾害区段加强监测，同时加强水工保护措施。

第四节　管道完整性数据在地震灾害评价中的应用

　　管道数据的积累必须能够应对突发灾害事件，例如地震、洪灾等，提供人们进行管理和决策的相关信息。5·12 汶川大地震不仅直接给地震灾区造成直接的巨大破坏，其次生的崩塌、滑坡、泥石流等同样也产生较大的破坏，同时也威胁着震区及其下游油气管道的安全。中国石油天然气集团公司管道研究中心利用以往积累的管道周边环境数据开展了地震影响区域及管道受灾状况信息分析、次生地质灾害识别及分布信息整合分析、堰塞湖信息分析、涪江穿越段管道抢险预案制订技术支持、管道面临的风险识别、评估以及救灾抢险决策等工作，为抢险决策提供了重要依据。本节以地震灾区的管道应急抢险为例，从上述各方面介绍了管道完整性管理数据管理技术在应急管理中的应用。

　　基于管道完整性数据库，通过管道完整性系统工程图功能和地形图创建工具，完成了震区管道受影响图，清晰地显示了地震发生中心同管道的相对位置、处于震区的管道分布情况等重要资料。通过叠加震区管道中心线数据和地震灾区的行政区划、地形数据、水系、堰塞湖数据，实现了地震灾区管道完整性相关专题地图的制作和输出（图6-8）。

　　同样，叠加遥感信息解译的地质灾害分布数据、管道中心线及附属设施数据，可以得出管道沿线地质灾害的空间分布专题地图。利用管道完整性数据管理系统中 GIS 的空间分析、缓冲区分析工具，可以实现堰塞湖对管道的淹没情况分析，同时道路损毁的分析结果可为抢险车辆的调度提供决策依据。

一、震区堰塞湖信息分析

　　利用管道完整性管理系统，叠加相关地震灾害信息，对堰塞湖以及重点的唐家山堰塞湖对管道的影响进行分析，并给出了具体的应急建议。

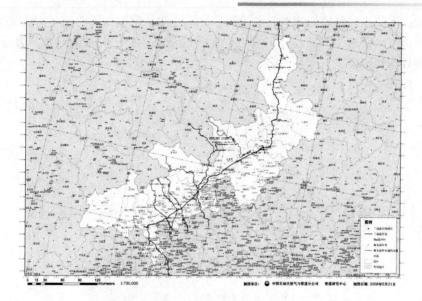

图6-8 震区管道分布及堰塞湖分布图

1. 堰塞湖统计及泄洪方向分析

基于空间统计功能，地震活动引起山崩滑坡体等堵截河谷或河床而形成的堰塞湖共计34个。堰塞湖水量及数量统计如表6-4所示。

表6-4 地震灾区堰塞湖统计信息

堰塞湖分类	水量（m³）	个数	备注
小型	<100	15	
中型	100～300	11	
大型	>300	8	其中唐家山堰塞湖水量为$1 \times 10^8 \, m^3$
总计	34		

利用工程图功能，获得堰塞湖与管道的相对位置图（图6-9）。

利用三维地形分析和网络分析技术，我们可以分析各堰塞湖泄洪的水流方向。北川的三个堰塞湖：位于通口河上，通口河上游为百草河，下游汇入涪江；平武县水观镇和南坝镇的两个堰塞湖：均位于一条小河上，具体名字不详，都汇入涪江；青川的三个堰塞湖：主要是在青江河和红石河上形成，管道在下游处与河流交叉；安县茶坪乡堰塞湖：汇入安昌河，管道在下游处与河流交叉；安县高川乡堰塞湖：位于凯江上，管道在下游处与河流交叉；安县睢水镇堰塞湖：位于干河子，属于凯江流域，管道在凯江下游处与河流交叉；绵竹市汉旺镇堰塞湖：位于绵远河、沱江，管道在下游处与河流交叉；什邡市洛水镇堰塞湖：位于石亭江，沱江的支流，处于管道的上游，管道在下游处与河流交叉。

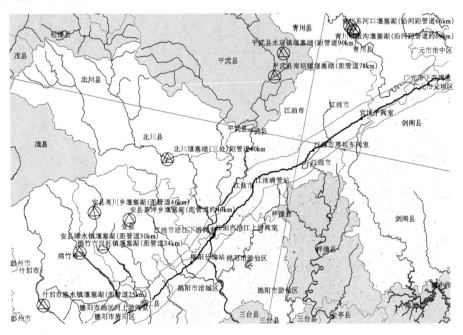

图6-9　堰塞湖分布与管道关系图

排查所有堰塞湖后，发现青川县的堰塞湖所在河流与该管道重叠较多。清水河上游的青川县有三个堰塞湖，蓄水量为 $1100 \times 10^4 m^3$ 以上。从主题图上可以看到，管道有约6千米敷设在河床上，一旦上游堰塞湖来水，洪水冲刷河岸，有可能造成露管，然后洪水直接冲蚀管道，造成管道悬空，从而损伤管道，综合分析此堰塞湖对管道危害较大。

根据各堰塞湖泄洪后水流流向分析，对堰塞湖的危险情况进行了初步分析判断。根据对各堰塞湖下游管道的分析，管道多与受影响的河流交叉，因此除分析阀室是否受洪水影响外，沿线各输油站要注意观察管道埋深或跨越支撑受影响程度，注意堰塞湖中下游是否有大量浮游物、沉积物及滚石等，避免对管道造成冲击。

2. 唐家山堰塞湖信息分析

根据航空遥感资料和专家实地调查初步分析，目前在四川大地震灾区发现34处堰塞湖，其中被水利部抗震救灾指挥部前方专家列为1号风险的唐家山堰塞湖风险等级最大。这个已蓄水近$1\times10^8 m^3$的悬湖成了下游灾民的心头之忧，严重威胁下游近7万名群众的安危。唐家山堰塞湖距离北川县城6km，坝顶高程750.2m，坝高82.8m，顺河长约220m，湖上游集雨面积3550km^2。同时，唐家山堰塞湖到管道直线距离约36km，沿通口河、涪江走向距离约50km。唐家山堰塞湖一旦决口，将对下游管道的安全造成巨大威胁。利用管道完整性管理系统及其相关技术，管道研究中心对唐家山堰塞湖的完整信息进行了分析。主要工作包括如下几个方面：

1）水位上涨数据的统计分析和蓄水量分析；

2）唐家山堰塞湖地势、洪水落差分析；

3）唐家山堰塞湖洪水改道可能性分析；

4）涪江穿越管道埋深信息分析；

5）涪江穿越三分之一溃堤（淹没高度8m）和全溃堤（淹没高度14m）淹没范围分析；

6）各种压力下最长允许漂管长度计算。

首先，通过空间分析技术，提取了唐家山堰塞湖到管道直线方向上和唐家山堰塞湖到该管道沿通口河、涪江走向上的高程剖面，以供进行地形地貌分析，结果如图6-10和图6-11所示。

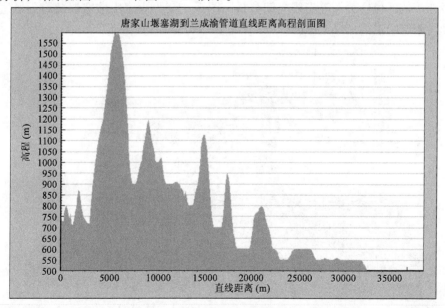

图6-10　唐家山堰塞湖到管道直线方向上的高程剖面图

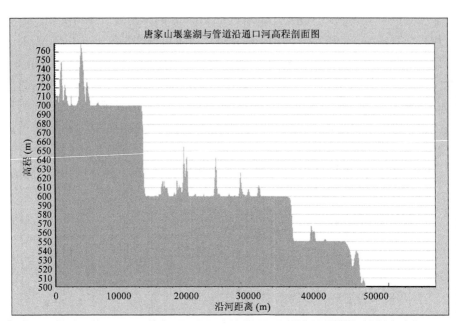

图 6-11　唐家山堰塞湖到管道沿通口河、涪江走向上的高程剖面图

利用 GIS 三维分析和显示工具，可以实现唐家山堰塞湖位置、堰塞湖流域与管道的位置关系等三维空间分析。图 6-12 为唐家山堰塞湖及附近堰塞湖与附近管道的三维地形图。

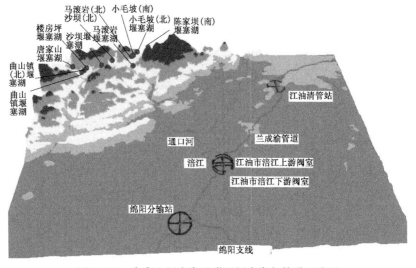

图 6-12　唐家山堰塞湖及附近堰塞湖与管道三维图

从以上可以看出，如果唐家山堰塞湖一旦决口，江油市临近北川的 6 个乡镇和 3 个重点企业将会受到直接威胁，并且同时会威胁三个水电站，即通口水电站、香水电站和青莲水电站。这三个水电站是涪江上游三个比较重要的水电站，承担着涪江流域的发电和灌溉等重要工作。尽管在接到唐家山堰塞湖的险情之后，三个水电站分别进行了开闸放水，但三个水电站承接的流量仍然有限。按照唐家山堰塞湖 $1 \times 10^8 \mathrm{m}^3$ 蓄水总量，其决口后将会对整个涪江流域造成巨大威胁，江油、绵阳直至三台和射洪等县市都在其辐射范围之内。

叠加 DEM 和遥感影像，通过洪水淹没分析和管道缓冲区分析、叠加分析，可以得到堰塞湖决口对管线造成的悬空范围，结果如图 6 - 13 所示。

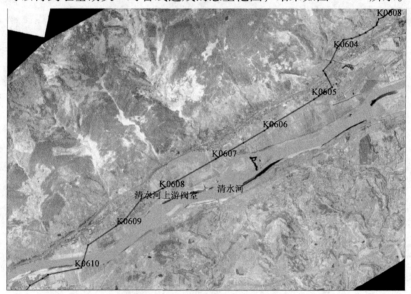

图 6 - 13　堰塞湖决口洪水冲刷造成管线悬空范围图

3. 涪江穿越段管道抢险预案技术支持

基于管道环境数据，管道研究中心制作出了管道涪江穿越段抢险方案的抢险现场布置图，以及进行了进场道路 GPS 测量及关键点属性调查等工作，如图 6 - 14 ~ 图 6 - 16 所示。

通过上述信息统计和综合分析等工作，管道研究中心形成应急决策建议，建议震区管道公司应着手开展如下紧急准备工作：

1）对涪江穿越处，应严密监测，防止露管及管道悬空；

2）对江油市上下游阀室进行严密监测，人员应有安全避难场所；

图 6 - 14　唐家山堰塞湖溃坝涪江穿越管道淹没示意图

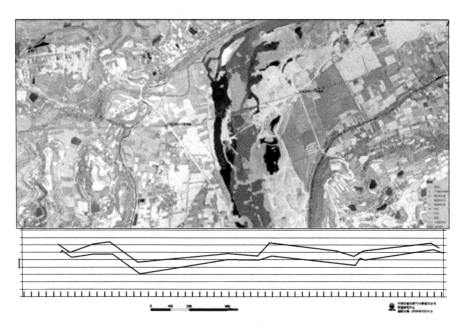

图 6 - 15　管道涪江穿越

图6-16　涪江穿越段抢险现场平面示意图

3）管道江油站、绵阳站应提前充分做好思想准备及工作准备。

此外，通过唐家山水位监测数据的制图和分析，也为唐家山堰塞湖溃坝和泄洪对下游管道的影响提供了实时信息，为管道运行安全决策提供了技术支持，结果如图6-17～图6-20所示。

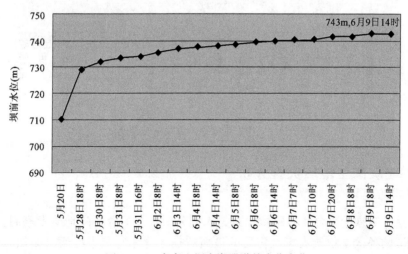

图6-17　唐家山堰塞湖泄洪前水位变化

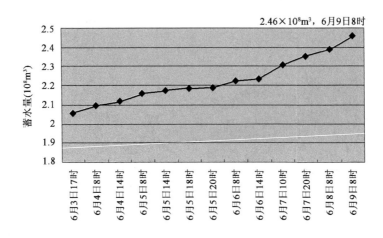

图 6-18 唐家山堰塞湖泄洪前蓄水量变化

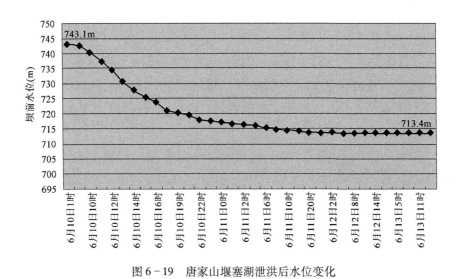

图 6-19 唐家山堰塞湖泄洪后水位变化

二、地震次生地质灾害分析

　　基于数据的整合和遥感影像数据识别分析，并综合野外地质专家调查踏勘获取的各次生地质灾害点位置的最新数据，管道研究中心通过叠加分析，获取了震区管道中输油管道沿线需重点排查的灾害点，共计 121 处，其中 I

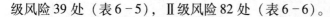

级风险39处（表6－5），Ⅱ级风险82处（表6－6）。

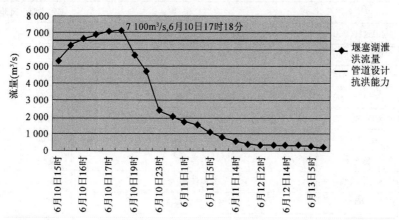

图6－20　唐家山堰塞湖泄洪流量变化及管道抗洪能力对比图

表6－5　管道震区需重点排查的Ⅰ级风险地质灾害点

编号	里　程	地　理　位　置	灾害类型	风险等级
1	K0327＋800	甘肃省礼县盐关镇张湾村	滑坡	Ⅰ
2	K0414＋200	成县镡河乡	崩塌	Ⅰ
3	K0415＋300	成县镡河乡	崩塌	Ⅰ
4	K433＋300	甘肃省康县云台镇崔家垭隧道出口段	崩塌	Ⅰ
5	K0458	甘肃省康县牛头山进沟段	崩塌	Ⅰ
6	K0462＋800	康县牛头山隧道至低垭段伴行路内侧	崩塌	Ⅰ
7	K0465＋850	甘肃省康县牛头山隧道至低垭段伴行路内侧	崩塌	Ⅰ
8	K466＋200	康县秩田乡	滑坡	Ⅰ
9	K0468	甘肃省康县秩田伴行路内侧	滑坡	Ⅰ
10	k474	甘肃省康县牛头山隧道至低垭段	崩塌	Ⅰ
11	K0479＋300	甘肃省康县三河乡伴行路内侧	滑坡	Ⅰ
12	K0479＋800	康县三河镇	崩塌	Ⅰ
13	K0480＋330	康县三河镇	崩塌	Ⅰ
14	K487＋900	甘肃省康县铜钱乡低垭至铜钱段	滑坡	Ⅰ
15	K0488＋350	康县铜钱乡	滑坡	Ⅰ
16	K0490＋450	康县铜钱乡	滑坡	Ⅰ
17	K0492	康县铜钱乡王家湾	滑坡	Ⅰ
18	K0497＋573	甘肃省康县阳坝镇赵家山隧道出口段	崩塌	Ⅰ

编号	里　程	地　理　位　置	灾害类型	风险等级
19	K0511＋700	宁强县八海河乡孟家坡西北	崩塌	I
20	K0511＋750	甘肃省康县阳坝镇甘－陕交界处	崩塌	I
21	K0512＋030	甘肃省康县阳坝镇甘－陕交界段	崩塌	I
22	K0512＋600	甘肃省康县阳坝镇甘－陕交界段	崩塌	I
23	K0513＋400	陕西省宁强县甘－陕交界段八海河乡	崩塌	I
24	K0513＋700	陕西省宁强县甘－陕交界段八海河乡	崩塌	I
25	K0514	海河镇	崩塌	I
26	K0515＋200	海河镇	崩塌	I
27	K0529	宁强县安乐河	滑坡	I
28	K0544＋850	四川省广元市朝天区东溪河乡川陕交界段	崩塌	I
29	K0545＋460	广元市东溪河乡岩坝头	滑坡	I
30	K0547	四川省广元市朝天区东溪河乡	崩塌	I

表 6－6　管道震区需重点排查的 II 级风险地质灾害点

编号	里　程	地　理　位　置	灾害类型	风险等级
1	K0351＋378	甘肃省西和县马元乡马家山	滑坡	II
2	K0352＋050	甘肃省西和县马元乡马家山	滑坡	II
3	K0363＋300	甘肃省成县二朗乡鞍山	崩塌	II
4	K0409＋600	甘肃省成县镡河乡	崩塌	II
5	K0409＋700	甘肃省成县镡河乡	崩塌	II
6	K0410＋800	甘肃省成县镡河乡	崩塌	II
7	K0413＋910	甘肃省成县镡河乡	崩塌	II
8	K0414＋80	甘肃省成县镡河乡	崩塌	II
9	K0416＋770	甘肃省成县镡河乡	滑坡	II
10	K0416＋940	甘肃省成县镡河乡	滑坡	II
11	K0423＋730	甘肃省成县镡河乡	崩塌	II
12	K0433＋850	甘肃省康县云台镇	崩塌	II
13	K0445＋500	甘肃省康县双水磨	崩塌	II
14	K0448＋500	甘肃省康县康阳路内侧边坡	崩塌	II
15	K0452＋400	甘肃省康县康阳路内侧边坡	滑坡	II
16	K0454＋800	甘肃省康县康阳路内侧边坡	崩塌	II

续表

编号	里 程	地 理 位 置	灾害类型	风险等级
17	K0457 + 200	甘肃省康县牛头山进沟段	崩塌	Ⅱ
18	K0462 + 500	甘肃省康县牛头山隧道至低垭段伴行路内侧	崩塌	Ⅱ
19	K0464 + 830	甘肃省康县牛头山隧道至低垭段伴行路内侧	崩塌	Ⅱ
20	K0465 + 20 – K0465 + 800	甘肃省康县牛头山隧道至低垭段伴行路内侧	崩塌	Ⅱ
21	K0465 + 800	康县秧田镇	崩塌	Ⅱ
22	K0468 + 660	康县秧田镇	滑坡	Ⅱ
23	K0474 + 580	甘肃省康县牛头山隧道至低垭段	崩塌	Ⅱ
24	K0474 + 800	甘肃省康县牛头山隧道至低垭段	崩塌	Ⅱ
25	K0474 + 860	甘肃省康县牛头山隧道至低垭段	崩塌	Ⅱ
26	K0475 + 200	严家山隧道北口，伴行线	崩塌	Ⅱ
27	K0476 + 700	康县三河镇	滑坡	Ⅱ
28	K0477 + 00	康县三河镇	滑坡	Ⅱ
29	K0479 + 100	甘肃省康县牛头山隧道至低垭段三河乡段	崩塌	Ⅱ
30	K0479 + 230	康县三河镇四坝村三河桥	崩塌	Ⅱ

三、地震对管道隧道影响分析

地震对管道隧道的破坏也是汶川灾区管道管理必须关注的一个重要问题。以往的研究大多关注普通隧道在地震时的破坏情况，所以我们首先从普通隧道的地震破坏情况入手，利用管道完整性的相关技术，评价管道隧道在地震时的破坏情况。

1. 地震对管道隧道的影响因素

综合分析大量以往地震中隧道的破坏情况，得出以下认识：地震对隧道的影响主要由三个因素决定，即隧道的埋深、地震级数和隧道距地震震中的距离。其中后两个参数可以综合成地震参数：地面峰值加速度。隧道的岩性和建造支护情况等因素与以上三个因素相比，可暂不考虑。

将地震对隧道的破坏分为四个等级：无损、轻度、中度和严重。

2. 管道埋深的影响

在隧道埋深大于 50m 时，隧道破坏程度明显减小；隧道埋深大于 300m

时，基本没有严重破坏。由于该管道隧道被看做都在地面上，可以想象出其破坏程度会加重。

3. 隧道距震中距离的影响

表6-7显示了各种震中距地震对隧道破坏程度的统计数据。

表6-7　震中距与隧道破坏统计

震中距（km）	破 坏 程 度				破坏百分比（%）
	轻度	中度	严重	无损	
< 25	30	13	7	20	71
25 ~ 50	2	7	8	25	42
50 ~ 100	10	1	2	26	33
100 ~ 150	2	1	1	9	31
150 ~ 200	1	0	0	6	14
200 ~ 300	0	0	0	3	0

可以看出，在震中距大于300km的区域，基本不会有什么影响。从表6-7中可以看出，地震对管道的影响不会太大，应该不会有大量的破坏性影响。以汶川映秀镇为震中，利用管道完整性管理系统的GIS距离计算和空间分析技术，我们计算了管道穿越震区隧道的震中距，结果如表6-8所示。

表6-8　管道穿越隧道的震中距

序　　号	隧　道　名	震中距（km）
1	王家河湾隧道	>300
2	三县梁隧道	>300
3	杨家沟门隧道	>300
4	石沟里隧道	>300
5	险岩子隧道	>300
6	凉水峡支洞隧道	>300
7	关沟门隧道	>300
8	崔家垭口隧道	>300
9	万家大梁隧道	300
10	双水磨隧道	250 ~ 300
11	牛头山隧道	250 ~ 300
12	阴山里	250 ~ 300

续表

序　号	隧道名	震中距（km）
13	马鞍桥隧道	250～300
14	何家湾隧道	250～300
15	颜家山隧道	250～300
16	铜钱坝隧道	250～300
17	赵家山里隧道	250～300
18	阳坝隧道	250～300
19	八海河隧道	250～300
20	施家湾隧道	250～300
21	青木园隧道	242
22	岩韭山隧道	240
23	梨儿园隧道	178

4. 震级影响

表6-9给出了各种震级的地震对隧道破坏程度的统计数据。

表6-9　震级与隧道破坏统计

震级	破坏程度				破坏百分比（%）
	轻度	中度	严重	无损	
<4	2	1	1	3	57
4～5	1	2	0	8	27
5～6	2	2	1	12	29
6～7	17	3	6	33	44
≥8	10	7	6	22	51

5·12汶川地震震级为8.0级，从统计结果基本可以推断，震区管道隧道有一半的概率发生了不同程度的破坏。此结果与根据震中距的分析结果冲突，但可以解释，因为大于8.0级的地震主要是对震中距小于100km的隧道造成破坏，但具体所占比例目前并不清楚。没有原始数据，所以不能将震中距与震级结合起来进行综合分析。

5. 管道隧道地震破坏现场调查

以上统计数据中隧道多为铁路、公路隧道，建造标准高，支护良好，维护充分，与管道专用隧道还是有些差别，而且这些隧道震前状况良好，但管道隧道在汶川地震前就已经有很多病害,必须对管道隧道的地震破坏情况进行现场调查,结果如表6-10所示。从表6-10可以看出,汶川地震对管道隧道产生了一定的影响,使其抗震性有一些降低。

表6-10 管道隧道地震破坏现场调查情况

序号	隧道名称	渗漏水情况					毛洞岩体	
		潮湿补丁	渗漏	滴漏	滴水	连续渗漏	破碎	坍塌
1	关山隧道		多处	多处	多处		4处	7处
2	王家河湾隧道				1处		1处	2处
3	三县梁隧道		多处		6处	5处	多处	
4	杨家沟门隧道		1处		1处			
5	石沟里隧道		9处	1处	1处	1处	12处	6处
6	险岩子隧道							
7	凉水峡隧道		多处	2处	8处	2处	7处	6处
8	凉水峡支隧道		2处	3处	2处	1处	3处	2处
9	关沟门隧道	该隧道出现大塌方,约10m³以上,堵塞隧道,已列入整治						
10	崔家垭口隧道							
11	双水磨隧道	隧道内冲刷严重,已列入隧道整治						
12	万家大梁隧道		多处	7处	5处	4处	7处	5处
13	牛头山隧道		多处	7处	5处		1处	
14	阴山里隧道						1处	
15	马鞍桥隧道		1处					
16	何家湾隧道		3处				6处	
17	严家山隧道		1处	多处	1处		1处	
18	铜钱坝隧道		6处		5处			
19	赵家山里隧道		2处	4处	1处		19处	8处
20	阳坝隧道		多处				2处	2处
21	八海隧道		7处		7处		4处	2处
22	施家湾隧道		多处		8处	11处		
23	青木园隧道	隧道内出现多次垮塌,中断通行,现正在进行整治						
24	岩韭山隧道							
25	梨儿园隧道							
26	天灯寺隧道		13处		5处	3处	5处	3处
27	打雷石隧道	两隧道多处塌方,衬砌开裂严重,排水不畅,已进行整治						
28	红圣隧道							

6. 结论

综合以上分析，我们认为震区管道隧道震中距较大，发生严重破坏性影响的可能性不大，需要重点关注震中距小于 250km 的隧道。但由于汶川地震高达 8.0 级，且该管道隧道在地震前已经有大量病害，管道隧道的抗震性受到一定影响。

小　　结

本章从工程图应用、高后果区分析、完整性评价、风险评价、汶川地震抗震救灾中泄漏模拟等几个方面介绍了管道完整性数据在管道管理中的应用实例。这些应用都是充分利用已建立完成的管道完整性数据库、管道完整性平台、管道工程图生成系统等技术和手段，发挥管道完整性管理系统的巨大优势。通过这些成功的应用表明，无论是在役油气管道，或是建设期油气管道，都可以实现管道的完整性管理，而实施完整性管理可以大大提升这些在役或建设期油气管道的管理水平，取得较为显著的经济效益和社会效益。

参 考 文 献

[1] 董绍华. 管道完整性技术与管理. 北京：中国石化出版社, 2007, 北京.

[2] 张玲, 吴全. 国外油气管道完整性管理体系综述. 石油规划设计, 2008, 19（4）：9－11.

[3] 祁世芳, 等. 工业管线安全评估模式的比较与分析. 钢结构, 2002, 17（4）：53－56.

[4] J. GUYT & C. MACARA. Pipeline Integrity Management. The 5th International Symposium on the Operation of Gas Transport Systems（GTS）. 28－29. 01. 1997. Bergen，Norway.

[5] Dr Phil Hopkins. The Changing World of Pipeline Integrity. Pipes & Pipelines International May-June 2002.

[6] Ad Pijnacker Hordijk and M. Kornalijnslijper. The Implementation of an Integral Pipeline（Integrity）Management System means more than Integrity Alone. 3R International（43）Heft 3/2004.

[7] ASME B31. 8S－2001 Managing System Integrity of Gas Pipeline.

[8] API STD 1160-2001 Managing System Integrity of Hazardous Liquid Pipelines.

[9] 贾庆雷, 王强, 等. 长输管道完整性管理 GIS 数据模型研究. 地球信息科学, 2008, 10（5）：593－598.

[10] 金强. 地理信息系统在石油天然气长输管道中的应用. 石油规划设计, 2006, 17（2）：45－47.

[11] 李长俊. 天然气管道输送. 北京：石油工业出版社, 2008.

[12] 中国石油集团经济技术研究院采编. 世界石油工业统计, 2005.

[13] 赵忠刚, 姚安林, 等. GIS 技术在油气管道安全管理中的应用. 管道技术与设备, 2006, 1（1）：15－18.

[14] 吴兵, 罗金恒, 等. 基于地理信息系统的油气管道完整性管理系统的设计. 石油工程建设, 2006, 32（4）：15－18.

[15] 杨立法, 黄海生, 等. 全国石油天然气管道安全管理信息系统设计. 西安邮电学院学报, 2004, 11（3）：96－100.

[16] Cherkassky B V, Goldberg A V, Radzik T. Shortest Paths Algorithms：Theory and Experimental Evaluation. Technical Report－1480，Computer Seience Department，Stanford University. 1993.

[17] 邬伦, 刘瑜, 等. 地理信息系统——原理、方法和应用. 北京：科学出版社, 2002.

[18] W. Kent Mhulbuae. Pipeline Risk Management Manual. Second Edition. Gulf Publsihing Company，Houston，Texas，1996.

[19] Jose L, et al. Risk Management to Support Maintenance Planning and Investment in Gas

Transmission Pipelines. Proceeding of IPC ' 02 4th International Pipeline Conference, 2002：IPC2002 – 27134.

［20］路民旭，白真权，等．管道检测与安全评价技术的研究概况及发展趋势．石油专用管，1997（1）：10 – 17.

［21］高福庆，张世华，等．管道腐蚀检测标准与管道安全控制．控制与测量，1999（3）：39 – 40.

［22］吴信才．地理信息系统原理、方法及应用．北京：电子工业出版社，2002.

［23］HAN K. Data Mining：Concepts and Techniques. Morgan Kaufmann Publishers，2000.

［24］KOPERSKI H A. Mining Knowledge in Geographic Data. Communications of the ACM，1998.

［25］PAWLAK Z. Theoretical Aspects of Reasoning about Data. Kluwer Academic Publisher，1991.

［26］HANK. Mining Multiple-Level Association Rules from Large Databases. IEEE Transactions on Knowledge and Data Engineering，1999，11（5）.

［27］MA Haining. The Design of a Software System for the Interactive Spatial Statistical Analysis Linked to a GIS. Computational Statistics，1996，（11）：449 – 466.

［28］Fischer G. Recent Developments in Spatial Analysis：Spatial Statistics，Behavioural Modelling and Neuro-computing. Berlin：Springer Verlag，1997：35 – 59.

［29］黄志潜．管道完整性及其管理．焊管，2004，27（3）：1 – 8.

［30］刘毅军，等．管道完整性管理模式经济效益评价方法．天然气工业，2005，25（4）：181 – 184.

［31］American Society of Mechanical Engineers. ASME B31. 8S22001 Managing System Integrity of Gas Pipeline. New York：ASME B31 Committee，2001.

［32］American Petroleum Institute. API 116022001 Managing System Integrity for Hazardous Liquid Pipelines. New York：API Standards，2001.

［33］The USA Federal Government. Pipeline Safety Code of Federal Regulations（CFR）Title 49 Part 192 – 195 – 2003［R/OL］. USA：Federal Depository Library.

［34］翁永基．腐蚀管道安全管理体系．油气储运，2003，22（6）：1 – 13.

［35］The Joint Government/Industry Risk Management Program Standard Team. Risk Management Program Standard［R/OL］. U. S.：Department of Transportation，1996.

［36］杨祖佩，艾慕阳，冯庆善，等．管道完整性管理研究的最新进展．油气储运，2008，27（7）：1 – 5.

［37］HANSEN B，BROWN R. Update on Hazardous Liquid Integrity Management Inspections for US Operators∥IPC2006. Calgary：ASME，2006.

［38］VAN OSM，VAN MASTR IGT P，FRANCIS A. An External Corrosion Direct Assessment Module for a Pipeline Integrity Management System. IPC2006. Calgary：ASME，2006.

[39] Larry G. Rankin. Pipeline Integrity Information Integration. Corrosion 2004, Paper No 04175.

[40] Shaohui JIA, Qingshan FENG, etc. Software Uses GIS Data To Identify High Consequence Areas Along Pipelines. Pipeline & Gas Journal, 2009, 236 (8): 42－50.

[41] 钱成文, 刘广文, 等. 管道的完整性评价技术. 油气储运, 2000, 19 (7): 11－15.

[42] 冉利亚. 输气管道事故. 国外油气储运, 1992, 10 (4): 58－61.

[43] 张淑英. 长输管道事故及其概率. 国外油气储运, 1993, 11 (5): 56－60.

[44] 尹晔昕, 尹尧筠. 灰色系统理论在管道完整性数据预测中的应用. 油气储运, 2006, 27 (5): 26－28.

[45] 赵新伟, 罗金恒, 等. 油气管道适用性评价及软件研究进展. 压力容器, 2002, 5: 30－34.

[46] 王立辉, 胡成洲, 等. 建设期油气输送管道完整性管理的数据采集. 油气储运, 2008, 27 (8): 8－10.

[47] 董绍华, 杨祖佩. 全球油气管道完整性技术与管理的最新进展——中国管道完整性管理的发展对策. 油气储运, 2007, 26 (10): 1－17.

[48] 陈利琼, 张鹏, 等. 油气管道危害辨识故障树分析方法研究. 油气储运, 2007, 26 (2): 18－30.

[49] 龚正良. 计算机软件技术基础. 北京: 电子工业出版社, 2003.

[50] Freeman, B. Assessing "Could Affect" High Consequence Areas with GIS. The 22nd Annual ESRI International User Conference Proceedings, 2002.

[51] C-FER Technologies. A Model for Sizing High Consequence Areas Associated with Natural Gas Pipelines. GRI-00/0189, 2000.

[52] Department of Transportation, Research and Special Programs Administration. 49 CFR Parts 195 [Docket No. RSPA-99-6355; Amendment 195-70] RIN 2137-AD45, Pipeline Safety: Pipeline Integrity Management in High Consequence Areas (Hazardous Liquid Operators With 500 or More Miles of Pipeline). USA, 2000.

[53] Department of Transportation, Research and Special Programs Administration. 49 CFR Parts 192 [Docket No. RSPA-00-7666; Amendment 192－77] RIN 2137－AD64, Pipeline Safety: High Consequence Areas For Gas Transmission Pipelines. USA, 2002.

[54] 陈述彭, 赵英时. 遥感地学分析. 北京: 测绘出版社, 1990.

[55] GB 50251—2003 输气管道工程设计规范 [S]

[56] 贾韶辉, 冯庆善. 中国石油天然气集团公司企业标准 Q/SY 1180.2《管道完整性管理规范: 第2部分管道高后果区识别规程》. 中国石油天然气集团公司, 2009.

[57] The Rio Declaration on Environment and Development (1992). The United Nations Conference on Environment and Development, 1992.

[58] 李秀珍, 许强, 黄润秋, 等. 滑坡预报判据研究. 地质灾害与防治学报, 2003, 14

（4）：5-10.

[59] Au S W C. Rain-Induced Slope Instability in Hong Kong. Engineering Geology, 1998, 51: 1-36.

[60] Au S W C. Rainfall and Slope Failure in Hong Kong. Engineering Geology, 1993, 36: 141-147.

[61] 黄杏元，马劲松，汤勤. 地理信息系统概论（修订版）. 北京：高等教育出版社，2001.

[62] 龚健雅. 地理信息系统基础. 北京：科学出版社，2001.

[63] 李德仁，关泽群. 空间信息系统的集成与实现. 武汉：武汉测绘科技大学出版社，2000.

[64] 汤国安，陈正江，赵牡丹，等. ArcView 地理信息系统空间分析方法. 北京：科学出版社，2002.

[65] 张超. 地理信息系统应用教程. 北京：科学出版社，2007.

[66] 汤国安等编著. 遥感数字图像处理. 北京：科学出版社，2004.

[67] Bruce Eckel. Think in C++ [M]. 北京：机械工业出版社，2002.

[68] 周利剑，宋斌. GIS 在油气长输管道完整性管理中的应用. ERSI 论文集，2009.

[69] 宋奎，宫敬才，等. 油气管道内检测技术研究进展. 石油工程建设，2005，31（2）.

[70] 余海冲，周利剑，等. 优化 APDM 模型提高管道定位精度. 油气储运，2009，28（10）.

[71] 将波涛. 插件式 GIS——应用框架的设计与实现. 北京：电子工业出版社，2009.

[72] 税碧垣，等. 油气管道完整性管理技术. 北京：石油工业出版社，2010.

[73] 税碧垣，等. 油气管道完整性管理技术. 北京：石油工业出版社，2010.

[74] 王维斌. 长输油气管道完整性管理技术 [D]. 北京：北京工业大学，2007.

[75] 冯庆善，陈健峰，艾慕阳，等. 管道完整性管理在应对地震灾害中的应用. 石油学报，2010，31（1）.

[76] 唐新明，吴岚. 时空数据库模型和时间地理信息系统框架. 遥感信息，1999（1）.

[77] 汤庸. 时态数据库导论. 北京：北京大学出版社，2004.

[78] 王宇清，李建，唐开山，等. 基于差异化存储的时空数据库的设计与实现. 计算机系统应用，2010，19（4）

[79] Easterfield M, Newell D G. Version Management in GIS Applicationsand Techniques. EGIS 90 Conference, Amsterdam, 1990.

[80] 杨平. 空间数据库版本控制技术及应用. 四川测绘，2006，29（02）.

[81] 王家耀. 空间信息系统原理. 北京：科学出版社，2001.

[82] 张岩. 数据仓库历史数据归档与重构的策略研究 [D]. 东北大学，2005.

[83] 沙宗尧，边馥苓. 一种基于 GIS 的时空数据分析与应用研究. 测绘通报，2004，34

（12）．

［84］杜凯，付伟，王怀民，等．ArchDB：一个高可靠高性能海量归档流数据库．计算机研究与发展，2010，46（2）．

［85］吴信才，等．地理信息系统设计与实现．北京：电子工业出版社，2002．

［86］（美）Kang-t sung Chang 著．地理信息系统导论．陈健飞等，译．北京：科学出版社，2003．